2024年

全国中级注册安全工程师职业资格考试**专用教材**

安全生产专业实务（化工安全）

注册安全工程师考试研究院　组编

立信会计出版社
LIXIN ACCOUNTING PUBLISHING HOUSE

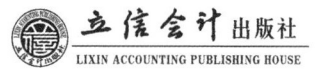

图书在版编目(CIP)数据

安全生产专业实务. 化工安全 / 注册安全工程师考试研究院组编. —上海：立信会计出版社，2023.11
全国中级注册安全工程师职业资格考试专用教材
ISBN 978-7-5429-7473-0

Ⅰ.①安… Ⅱ.①注… Ⅲ.①化工安全—安全技术—资格考试—自学参考资料 Ⅳ.①X93②TQ086

中国国家版本馆 CIP 数据核字(2023)第 217087 号

责任编辑　蔡伟莉
助理编辑　胡蒙娜

安全生产专业实务. 化工安全
Anquan Shengchan Zhuanye Shiwu. Huagong Anquan

出版发行	立信会计出版社		
地　　址	上海市中山西路 2230 号	邮政编码	200235
电　　话	(021)64411389	传　　真	(021)64411325
网　　址	www.lixinaph.com	电子邮箱	lixinaph2019@126.com
网上书店	http://lixin.jd.com		http://lxkjcbs.tmall.com
经　　销	各地新华书店		
印　　刷	三河市中晟雅豪印务有限公司		
开　　本	787 毫米×1092 毫米　1/16		
印　　张	13		
字　　数	358 千字		
版　　次	2023 年 11 月第 1 版		
印　　次	2023 年 11 月第 1 次		
书　　号	ISBN 978-7-5429-7473-0/F		
定　　价	39.00 元		

如有印订差错,请与本社联系调换

一、考试概览

注册安全工程师是指通过职业资格考试取得中华人民共和国注册安全工程师职业资格证书，经注册后从事安全生产管理、安全工程技术工作或提供安全生产专业服务的专业技术人员。中级注册安全工程师职业资格考试实行全国统一大纲、统一命题、统一组织。

《注册安全工程师职业资格制度规定》详细规定了中级注册安全工程师职业资格考试的报名条件、考试科目和考试成绩滚动周期等相关信息，具体如下。

（一）报名条件

凡遵守中华人民共和国宪法、法律、法规，具有良好的业务素质和道德品行，具备下列条件之一者，可以申请参加中级注册安全工程师职业资格考试：

（1）具有安全工程及相关专业大学专科学历，从事安全生产业务满5年；或具有其他专业大学专科学历，从事安全生产业务满6年。

（2）具有安全工程及相关专业大学本科学历，从事安全生产业务满3年；或具有其他专业大学本科学历，从事安全生产业务满4年。

（3）具有安全工程及相关专业第二学士学位，从事安全生产业务满2年；或具有其他专业第二学士学位，从事安全生产业务满3年。

（4）具有安全工程及相关专业硕士学位，从事安全生产业务满1年；或具有其他专业硕士学位，从事安全生产业务满2年。

（5）具有博士学位，从事安全生产业务满1年。

（6）取得初级注册安全工程师职业资格后，从事安全生产业务满3年。

（二）考试科目

中级注册安全工程师职业资格考试的考试科目、题型、总分、考试时间等信息见下表。

考试科目		考试题型	总分	考试时间
公共科目	安全生产法律法规 安全生产管理 安全生产技术基础	单项选择题（70分） 多项选择题（30分）	100分	2.5小时
专业科目	煤矿安全 金属非金属矿山安全 化工安全 金属冶炼安全 建筑施工安全 道路运输安全 其他安全（不包括消防安全）	专业安全技术：单项选择题（20分）	100分	2.5小时
		安全生产案例分析：选择题（包括单项选择题、多项选择题，10分） 综合案例分析题（70分）		

注：考生在报名时可根据实际工作需要选择一个专业科目。

（三）考试成绩滚动周期

中级注册安全工程师职业资格考试成绩实行4年为一个周期的滚动管理办法。参加全部4个科目考试的人员必须在连续4个考试年度内通过全部应试科目，免试1个科目的人员必须在连续3个考试年度内通过相应应试科目，免试2个科目的人员必须在连续2个考试年度内通过相应应试科目，方可取得中级注册安全工程师职业资格证书。

二、本系列书特点

为帮助广大读者科学、高效地掌握中级注册安全工程师职业资格考试的相关知识，注册安全工程师考试研究院在对中级注册安全工程师考试深入研究的基础上，对应急管理部办公厅印发的考试大纲进行了深入剖析，紧抓考试的重点、难点，精心编写了本系列书。

本系列书的主要特点如下。

（一）紧扣大纲，内容全面

本系列书在编写过程中，严格依据全新考试大纲，涵盖了大纲要求的重点、难点，内容全面。《安全生产法律法规》，通过对安全生产法律体系的讲解，使读者深刻领会安全生产相关法律、法规、规章和标准的有关规定，增强分析、判断和解决安全生产实际问题的能力。《安全生产管理》，通过讲解安全生产管理基础理论和方法、安全制度和操作规程，以及生产安全事故调查、统计、分析等知识，提高读者的安全生产管理业务能力。《安全生产技术基础》，通过讲解机械、电气、特种设备、防火防爆、危险化学品等安全生产技术知识，提高读者运用安全生产技术消除、降低事故风险的能力。《安全生产专业实务》，通过讲解相关安全生产专业实务知识，使读者掌握专业安全技术，提高分析和解决安全生产实际问题的能力。

（二）脉络清晰，重点突出

本系列书的体系科学、完备，讲解深入浅出、层次分明、逻辑清楚，不仅有助于读者理清复习思路，构建完整的知识体系，还可以帮助读者明确应当把握哪些重点，如何突破难点，从而提升学习效率，达到最佳的学习效果。

（三）移动课堂、海量题库

为方便读者更好地复习备考，本系列书对不易于理解的知识点配有二维码，扫码即可观看老师对该知识点的详细讲解。此外，您还可以扫描目录中的"看课扫我""做题扫我"二维码，下载安全工程师课程和题库App，随时随地学习，全方位提升应试水平。

（四）学练结合，高效备考

为让读者能通过练习及时查漏补缺，本系列书设置了"典型例题""同步强化训练"等栏目。读者可以通过做题，了解自己对该知识点的掌握情况，从而把握重点，全面复习，科学、高效备考。

本系列书的编写过程经过反复推敲核证，若仍有不妥之处，恳请广大读者提出宝贵意见，同时希望本书能够帮助大家顺利通过考试！

注册安全工程师考试研究院

目录

第一章 化工安全技术基础 ... 1
- 第一节 化工安全生产特点 ... 3
- 第二节 化工工艺及相关设备设施基础 ... 4
- 第三节 危险化学品的特性及主要反应类型 ... 6
- 第四节 化工标志和危险辨识方法 ... 10
- 第五节 化学品安全技术说明书与标签编写 ... 12

第二章 化工过程安全生产技术 ... 17
- 第一节 重点监管危险化工工艺的特性及控制方法 ... 19
- 第二节 特种设备的分类、检测及维护 ... 29
- 第三节 化工防火防爆安全技术 ... 33
- 第四节 化工企业用电安全 ... 48

第三章 化工建设项目安全技术 ... 53
- 第一节 化工建设项目安全设计技术 ... 55
- 第二节 危险与可操作性分析和保护层分析 ... 57
- 第三节 化工建设安全风险与施工安全 ... 59

第四章 特殊作业安全技术 ... 63
- 第一节 特殊作业危险有害因素辨识 ... 65
- 第二节 安全技术措施 ... 69

第五章 化学品储运安全技术 ... 87
- 第一节 化工企业常用储存设施及安全附件 ... 89
- 第二节 储罐与气柜的安全技术 ... 93
- 第三节 危险化学品的包装、存储、装卸、运输 ... 97
- 第四节 化学品的安全管理 ... 107

第六章 化工过程控制和检测技术 ... 111
- 第一节 可燃、有毒气体的检测 ... 113
- 第二节 紧急停车系统与安全仪表系统 ... 118
- 第三节 自动化控制系统和控制方式 ... 121
- 第四节 噪声、振动、粉尘、火灾、温度和气体检测 ... 123
- 第五节 化工过程设备状态监测故障诊断技术 ... 125
- 第六节 无损检测技术 ... 127

第七章 化工事故应急救援技术 ... 135
第一节 化工事故应急技能与处置方案 ... 137
第二节 化工事故现场救援 ... 142
第三节 化学事故应急救援预案 ... 146
第四节 事故应急演练 ... 149
第五节 应急救援器材 ... 152

第八章 化工火灾扑救 ... 157
第一节 火灾分类及火灾事故类型 ... 159
第二节 灭火剂类型与工作原理 ... 160
第三节 灭火剂的工作原理与适用对象 ... 162
第四节 化工消防器材与配备要求 ... 165

附录 ... 171

参考文献 ... 197

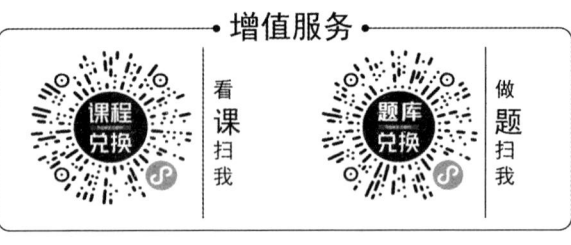

第一章
化工安全技术基础

　　运用化工安全相关技术和标准,掌握基本的化工安全生产特点和管理知识;掌握重点监管的危险化学品的危害性,根据危险化学品的理化性质及危险特性等相关知识,编写安全标签及说明书;了解危险化学品的特性及其分类、主要化学反应类型;了解重大危险源的辨识方法;了解化工工艺及相关设备设施基础知识。

第一节　化工安全生产特点

一、物料危险性大

危险化学品生产过程中的原料、半成品、副产品、产品和废弃物70%以上是具有易燃、易爆、有毒、有害和有腐蚀性等危险特性的危险化学品，且多数以气体、液体状态存在。

危险化学品的危险特性决定了其生产过程中如果防范措施不到位，容易发生爆炸、火灾、急性中毒（窒息）、慢性中毒（职业病）、化学灼伤、噪声和粉尘（职业病）等危险。

二、工艺过程、操作条件复杂

（一）工艺过程复杂

化学反应复杂：如氧化、还原、氢化、硝化、水解、磺化、胺化等。

工艺复杂：涉及反应、输送、过滤、蒸发、冷凝、精馏、提纯、吸附、干燥、粉碎等多个化工单元操作。

自动化控制复杂：DCS、ESD/FSC、SIS、PLC等。

维护作业复杂：易发生触电、辐射、高空坠落、机械伤害等事故。

（二）操作条件复杂

1. 高温与高压（低温和真空）

（1）氨合成的压力有的达到32MPa。

（2）高压聚乙烯生产压力为300MPa。

（3）乙烯生产工艺中裂解炉温度高达1 200℃。

（4）乙烯深冷分离温度须降到-167℃。

（5）高压带来的危险性。

（6）高温带来的危险性。

2. 危险源集中潜在危险性、存在条件和触发因素

冬天北方易冻凝；夏天储存物料高温。

三、连续作业

操作人员夜间易瞌睡。

长期连续生产，容易引起设备的疲劳、腐蚀等变化的累积。

四、化工生产的系统性和综合性强

化工生产系统之间相互联系密切，任何一个小部分出现问题都会对化工生产整体系统产生影响。

五、正常生产与施工并存

在化工企业中会有正常生产与施工并存的情况，如企业会有故障检修、装置改造等，这种

正常生产和施工并存的情况会影响参加施工作业的生产运行人员的安全。

六、事故紧急救援难度大

多种危险化学品的存放、日益扩大的装置规模,以及交叉纵横的管道,这些均使事故应急救援的难度增大。

· 典型例题 ·

下列属于化工安全生产特点的是( )。

A. 物料危险性大

B. 工艺过程简单

C. 高温与高压(低温和真空)

D. 危险源集中潜在危险性、存在条件和触发因素

E. 间断性作业

【解析】化工安全生产特点主要包括:①物料危险性大;②工艺过程、操作条件复杂;③高温与高压(低温和真空);④危险源集中潜在危险性、存在条件和触发因素;⑤连续作业;⑥事故紧急救援难度大。

答案:ACD

第二节 化工工艺及相关设备设施基础

一、化工设备的相关概念

(一)化工设备

化工设备是化工工艺的基础,是实现化工生产的重要工具。化工设备是指化工生产中静止的或配有少量传动机构组成的装置,主要用于完成传热、传质和化学反应等过程,或用于存储物料。其特点为:功能原理多样化,外壳多为压力容器,设备机构大型化。

(二)压力容器

压力容器是承受一定压力载荷,与外界形成一个封闭系统的外壳。其特点为:在高温、高压、高真空、低温、强腐蚀条件下操作,工艺条件苛刻、恶劣,安全性要求极高。

二、化工设备的基本要求

(一)安全可靠性要求

①具有连续运转的安全可靠性。②在一定操作条件下(如温度、压力等)具有足够的机械强度。③具有优良的耐腐蚀性能。④密封性好。⑤高效率和低能耗。

(二)工艺条件要求

工艺性能要求通常包括反应设备的反应速度、换热设备的传热量、塔设备的传质效率、储存设备的储存量等。

(三)经济合理性要求

在满足工艺要求和安全可靠运行的前提下,要尽量做到适用和经济合理。

(四) 便于操作和维护

(五) 环境保护要求

三、压力容器分类及结构

(一) 分类

1. 按设计压力分类

低压容器：$0.1\text{MPa} \leqslant p < 1.6\text{MPa}$。

中压容器：$1.6\text{MPa} \leqslant p < 10.0\text{MPa}$。

高压容器：$10.0\text{MPa} \leqslant p < 100\text{MPa}$。

超高压容器：$p \geqslant 100\text{MPa}$。

· 典型例题 ·

按照设计压力分类，下列压力容器中属于高压容器的是（　　）。

A. $0.1\text{MPa} \leqslant p < 1.6\text{MPa}$
B. $1.6\text{MPa} \leqslant p < 10.0\text{MPa}$
C. $10.0\text{MPa} \leqslant p < 100\text{MPa}$
D. $p \geqslant 100\text{MPa}$

【解析】按设计压力分类：低压容器，$0.1\text{MPa} \leqslant p < 1.6\text{MPa}$；中压容器，$1.6\text{MPa} \leqslant p < 10.0\text{MPa}$；高压容器，$10.0\text{MPa} \leqslant p < 100\text{MPa}$；超高压容器：$p \geqslant 100\text{MPa}$。

答案：C

2. 按作用原理分类

反应压力容器：以化学反应为主，如氨合成塔、氯化氢（HCl）反应器等。

换热压力容器：用于热交换，如列管式换热器、板式换热器等。

分离压力容器：主要用于完成介质的流体压力平衡缓冲和气体净化分离的压力容器，如汽提塔、旋风分离器等。

储存压力容器：主要是用于储存或盛装气体、液体、液化气体等介质的压力容器，如球罐等。

3. 按工作温度分类

低温容器：设计温度（x）< -20℃。

常温容器：-20℃ $\leqslant$ 设计温度（x）< 200℃。

中温容器：200℃ $\leqslant$ 设计温度（x）< 450℃。

高温容器：设计温度（x）$\geqslant 450$℃。

(二) 固定式压力容器的适用范围

（1）盛装介质为气体、液化气体或最高工作温度高于或等于标准沸点的液体。

（2）工作压力（在正常工作情况下，压力容器顶部可能达到的最高压力，表压力）大于或等于 0.1MPa。

（3）容积大于或等于 0.03m^3 并且内直径（非圆形截面指截面内边界最大几何尺寸）大于或等于 150mm。

(三) 结构

1. 基本承压部件

筒体、封头、密封装置（法兰、密封元件、紧固件）、开孔（人/手孔）、接管、支座。

2. 附件

安全附件（安全阀、爆破片）、测量与控制仪表。

第三节　危险化学品的特性及主要反应类型

一、危险化学品特性

危险化学品是指具有毒害、腐蚀、爆炸、燃烧、助燃等性质，对人体、设施、环境具有危害的剧毒化学品和其他化学品。依据《化学品分类和危险性公示 通则》（GB 13690—2009），危险化学品按物理、健康或环境危害的性质共分三大类，如图1-1所示。

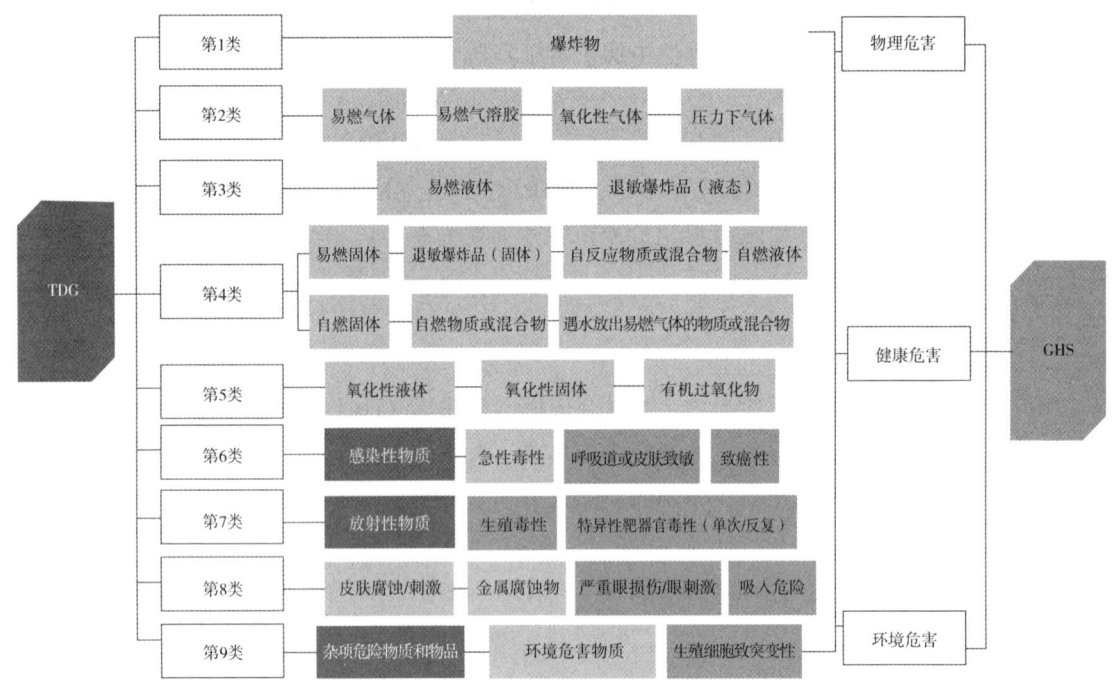

图1-1　危险化学品分类

（一）物理危害分类

1. 爆炸物

爆炸物质（或混合物）是一种固态或液态物质（或物质的混合物），其本身能够通过化学反应产生气体，而产生气体的温度、压力和速度能对周围环境造成破坏。其中也包括烟火物质，即便它们不产生气体。

2. 易燃气体

易燃气体是在20℃和101.3kPa标准压力下，与空气混合有易燃范围的气体。例如，甲烷的危害在于它的爆炸性，其在空气中的爆炸范围为5%～15%。

3. 易燃气溶胶

易燃气溶胶是指气溶胶喷雾罐，系任何不可重新灌装的容器，该容器由金属、玻璃或塑料制成，内装强制压缩、液化或加压溶解的气体，包含或不包含液体、膏剂或粉末，配有释放装置，可使所装物质喷射出来，形成在气体中悬浮的固态或液态微粒，或形成泡沫、膏剂或粉末或处于液态或气态。

4. 氧化性气体

氧化性气体是一般通过提供氧气，比空气更能导致或促使其他物质燃烧的任何气体。

5. 压力下气体

压力下气体是指高压气体在压力等于或大于 200kPa（表压）下装入贮器的气体，或是液化气体或冷冻液化气体，包括压缩气体、液化气体、溶解液体、冷冻液化气体。

6. 易燃液体

易燃液体是指闪点不高于 93℃ 的液体。

7. 易燃固体

易燃固体是容易燃烧或通过摩擦可能引燃或助燃的固体，它们在与燃烧着的火柴等火源短暂接触即可点燃和火焰迅速蔓延的情况下，都非常危险。

8. 自反应物质或混合物

自反应物质或混合物是即便没有氧气（空气）也容易发生激烈放热分解的热不稳定液态或固态物质或者混合物。

9. 自燃液体

自燃液体是即使数量小也能在与空气接触后 5min 之内着火的液体。

10. 自燃固体

自燃固体是即使数量小也能在与空气接触后 5min 之内着火的固体。

11. 自热物质或混合物

自热物质是除发火液体或自燃固体以外，与空气反应不需要能量供应就能够自己发热的固态或液态物质或混合物；这类物质或混合物与发火液体或固体不同，只有数量很大（公斤级）并经过长时间（几小时或几天）才会燃烧。

12. 遇水放出易燃气体的物质或混合物

遇水放出易燃气体的物质或混合物是通过与水作用，容易具有自燃性或放出危险数量的易燃气体的固态或液态物质或混合物。

13. 氧化性液体

氧化性液体是本身未必燃烧，但通常因放出氧气可能引起或促使其他物质燃烧的液体。

14. 氧化性固体

氧化性固体是本身未必燃烧，但通常因放出氧气可能引起或促使其他物质燃烧的固体。

15. 有机过氧化物

有机过氧化物是含有二价—O—O—结构的液态或固态有机物质，可以看作是一个或两个氢原子已被有机基团替代的过氧化氢衍生物。该术语也包括有机过氧化物配方（混合物）。有机过氧化物是热不稳定物质或混合物，容易放热自加速分解。

16. 金属腐蚀物

金属腐蚀物是通过化学作用会显著损坏或毁坏金属的物质或混合物。

（二）健康危害分类

1. 急性毒性

急性毒性是指在单剂量或在 24h 内多剂量口服或皮肤接触一种物质，或吸入接触 4h 之后出现的有害效应。

2. 皮肤腐蚀/刺激

皮肤腐蚀：对皮肤造成不可逆损伤，即施用试验物质达到 4h 后，可观察到表皮和真皮坏死。特征是溃疡、出血、有血的结痂，而且在观察期 14d 结束时，皮肤、完全脱发区域和结痂处由于漂白而褪色。

皮肤刺激：施用试验物质达到 4h 后对皮肤造成可逆损伤。

3. 严重眼损伤/眼刺激

严重眼损伤：将受试物滴入眼内表面，对眼睛产生组织损害或视力下降，且在滴眼 21d 内不能完全恢复。

眼刺激：眼刺激是将受试物施用于眼睛前部表面进行暴露接触，眼睛发生的改变，且在暴露后的 21d 内出现的改变可完全消失，恢复正常。

4. 呼吸或皮肤过敏

呼吸过敏物是吸入后会导致气管产生过敏反应的物质。

皮肤过敏物是皮肤接触后会导致过敏反应的物质。

5. 生殖细胞致突变性

本危险类别涉及的主要是可能导致人类生殖细胞发生可传播给后代的突变的化学品。但是，在本危险类别内对物质和混合物进行分类时，也要考虑活体外致突变性/生殖毒性试验和哺乳动物活体内体细胞中的致突变性/生殖毒性试验。

6. 致癌性

本危险类别涉及的主要是可导致癌症或增加癌症发生率的化学物质或化学物质混合物。在实施良好的动物实验性研究中诱发良性和恶性肿瘤的物质也被认为是假定的或可疑的人类致癌物，除非有确凿证据显示该肿瘤形成机制与人类无关。

7. 吸入危险

"吸入"指液态或固态化学品通过口腔或鼻腔直接进入或者因呕吐间接进入气管和下呼吸系统。由此造成的危险属于吸入危险。

（三）环境危害分类

1. 急性水生毒性

急性水生毒性是指物质对短期接触它的生物体造成伤害的固有性质。

2. 慢性水生毒性

慢性水生毒性是指物质在与生物体生命周期相关的接触期间对水生生物产生有害影响的潜在性质或实际性质。

·典型例题·

2013 年 8 月，某硫酸厂生产过程中三氧化硫管线上的视镜超压破裂，气态三氧化硫泄漏，现场 2 人被灼伤。三氧化硫致人伤害体现了危险化学品的（　　）。

A. 腐蚀性　　　　　　　　　　　　B. 燃烧性
C. 毒害性　　　　　　　　　　　　D. 放射性

【解析】皮肤腐蚀/刺激危害：皮肤腐蚀是对皮肤造成不可逆损伤，即施用试验物质达到

4h后，可观察到表皮和真皮坏死。特征是溃疡、出血、有血的结痂，而且在观察期14d结束时，皮肤、完全脱发区域和结痂处由于漂白而褪色。此灼伤为化学性灼伤，属于化学腐蚀。

答案：A

二、危险化学品反应类型

一是反应能生成可燃气体，并放出大量的热，直接引起可燃气体燃烧；二是反应后不放出可燃气体，但有大量的热释放，足以使周围的可燃物着火。遇水反应后不产生大量的有毒有害气体，主要指遇水的化学反应过程中没有大量的有毒有害气体生成，但不等于整个处置过程没有防毒要求，如燃烧产物有一定毒性，有的液体受热后易挥发，其蒸气本身有毒或固体粉尘及液体本身就有毒，仍需要加强安全防护。

（一）碱金属

此类主要有锂、钠、钾等，其化学反应式如下：

$$2Li+2H_2O=2LiOH+H_2\uparrow$$
$$2Na+2H_2O=2NaOH+H_2\uparrow$$
$$2K+2H_2O=2KOH+H_2\uparrow$$

这些碱金属与水反应，是剧烈的放热反应，放出的热量足以引起氢气燃烧。同时，二氧化碳也不能作为碱金属火灾的灭火剂，因为二氧化碳能与金属钠起化学反应，其化学反应方程式如下：

$$4Na+CO_2=2Na_2O+C$$

生成的碳原子可继续燃烧。

（二）金属粉末

此类主要是镁、锆、钛、铝、锌五种粉末状态的纯金属有严重的爆炸和火灾危险性，当暴露于空气中时，表面形成氧化物，这种氧化物可起保护膜作用，但遇空气中水分就会发生化学反应放出氢气，并产生热量，最初的燃烧可以触发这些金属粉末的自燃。

（三）金属有机化合物

此类主要有三甲基铝、二甲基镉、三异丁基铝、二乙基锌、乙基钠等。这些物质有的能在空气中自燃，与水反应会加剧燃烧，甚至会发生爆炸等。

（四）盐型碳化物

此类主要有碳化钙（电石）、碳化铝、碳化镁等。这些物质与水反应，发生水解，产生易燃的烃类，放出热量，足以点燃各种生成气体。

（五）碱性腐蚀品

如氢氧化钠、氢氧化钾、亚氯酸钠溶液（含有效氯大于5%）等，遇水或潮湿空气会放出大量的热，引起周围的可燃物燃烧。

（六）过氧化物

如过氧化钾、过氧化钠等，遇水能剧烈反应，与大量水接触会发生爆炸，与少量水接触时极易起火；还有过氧化锶，接触少量的水，极易起火。

第四节 化工标志和危险辨识方法

一、化学品的标志

（1）标志的种类：根据常用危化品的危险特性和类别，设主标志 16 种、副标志 11 种。

（2）标志的图形：主标志是由表示危险特性的图案、文字说明、底色和危险品类别号 4 个部分组成的菱形标志。副标志图形中没有危险品类别号。

（3）标志的尺寸、颜色及印刷：按《危险货物包装标志》（GB 190—2009）的有关规定执行。

（4）标志的使用：

①标志的使用原则：当一种危险化学品具有一种以上的危险性时，应用主标志表示主要危险性类别，并用副标志来表示重要的其他的危险性类别。

②标志的使用方法：按《危险货物包装标志》（GB 190—2009）的有关规定执行。

③注意：GHS 的危险化学品的图形标志与 TDG 危险货物的运输图形标志的图形相似，底色和图形颜色不一样。

（5）标志图案举例，如图 1-2 所示。

图 1-2 化学品标志图案

二、危险辨识方法

危险辨识：是指对产品或系统，在其生命周期各阶段采用适当的方法，识别其可能导致人员伤亡或职业病，或设备损坏、社会财富损失或工作环境破坏的潜在条件。

（一）对照经验法

对照有关标准、法规、检查表或依靠分析人员的观察分析能力，借助于经验和判断能力直观地辨识危险的方法。其优点是简便、易行，缺点是受辨识人员知识、经验和占有资料的限制，可能出现遗漏。该方法的另一种方式是类比，利用相同或相似系统或作业条件的经验和职业健康的统计资料来类推、分析以辨识危险。

（二）系统安全分析法

系统安全分析法包括预先危险性分析（PHA）、故障模式及影响分析（FMEA）、危险与可操作性研究（HAZOP）、事故树（FTA）、事件树（ETA）、原因后果分析法（CCA）、安全检查表法（SCL）、故障假设分析（WIA）。

总结：四分析、两树、一研一表。

（三）工艺危害分析方法

常用方法有预先危险性分析（PHA）、危险与可操作性研究（HAZOP）、故障假设分析（WIA）、故障模式及影响分析（FMEA）、事故树（FTA）、安全检查表法（SCL）、故障假设与安全检查表分析。

1. 预先危险性分析（PHA）

（1）预先危险性列表。

通常采用头脑风暴的方法得出或按照系统的功能结构逐一识别系统的风险。分析人员应该是系统涉及的各专业工程师或专家，通过已有的设计知识和相关的危险方面的知识，收集获取系统或相关系统曾经有过的经验教训，通过分析、比较、讨论等方式最终提供该系统存在的危险，可能导致的事故以及进一步设计中的关键因素等。

（2）概念。

预先危险性分析是在设计、施工、生产等活动之前，预先对系统可能存在的危险的类别、事故出现的条件以及导致的后果进行概略地分析，从而避免采用不安全的技术路线、使用危险性物质、工艺和设备，防止由于考虑不周而造成损失。其目的在于辨识和罗列出系统一直存在的和有可能存在的各种危险，并能进一步了解确保系统安全的关键点以及相应危险可能造成的事故，所有系统在其生命周期初始阶段都可采用该方法。

（3）分析人员。

分析人员应该是系统所涉及的各专业的工程师或专家，采用头脑风暴按照系统的功能结构逐一辨识系统的危险所在。

（4）分析流程。

预先危险性分析是在预先危险性列表的基础上分析系统中存在的危险、危险产生的原因、可能导致的后果，然后确定其风险等级。

（熟）第一步：熟悉系统，确定系统将要保护的对象，通常为人、机、环三个方面。

（建）第二步：建立 PHA 计划，确定风险可接受水平。

（定）第三步：确定 PHA 小组成员，由所涉及的各专业专家、工程师以及操作人员组成。

（收）第四步：收集资料，尽管在进行 PHA 分析时，可获取的直接资料较少，但应了解相似系统或相关系统的情况，资料收集越充分，危险辨识才能越准确。

（辨）第五步：辨识系统中存在的危险，分析每一个危险将要危及的对象。

（评）第六步：评估每一个危险对每一个目标影响的严重程度以及发生概率。

（决）第七步：根据风险评估结果决定风险可否接受，如果风险不可接受，是否提出风险控制措施，风险控制措施的优先顺序也应确定。

（重）第八步：提出风险控制措施后，要对系统重新进行评估以确定采用控制措施过程是否出现新的危险,如新风险不可接受,则需重新制定控制措施,重新评估。

(成)第九步:汇总分析结果并形成文件,通常以工作表形式体现,在此基础上形成 PHA 报告。

2. 故障假设分析(WIA)

(1)概念。

故障假设分析方法是对工艺过程或操作的创造性分析方法,这种分析方法可辨识检查设计、安装、技改或操作过程中可能产生的危险。

故障假设分析与检查表相似,旨在对生产系统进行检查,但该方法在进行危险辨识时,常采用一种固定的模式进行提问,假设某处出现故障后的情况,即"如果某某出现了问题会出现什么情况"。分析小组在提出这样的问题后,再通过回答、分析危险导致的后果、已采用的安全措施以及还应补充的措施等分析。

(2)分析过程。

①首先要熟悉系统,确定要分析的范围,然后提出要分析的问题。

②分析的过程仍旧采用头脑风暴的过程,分析中应确定假设出现某故障时其可能导致的最坏的后果,列出所有的后果。

③检查和分析系统在设计初始阶段针对该故障已经采取的安全措施,判断其是否能够真正阻止危险或将风险降低到可接受的水平。

④若上一步不足以保证生产安全,则需要进一步的控制措施。

故障假设分析工作表格式见表 1-1。

表 1-1 故障假设分析工作表格式示例

问题 如果……将发生什么情况	后果	已有安全保护	建议

第五节 化学品安全技术说明书与标签编写

一、化学品安全技术说明书及标签概述

(一)化学品安全技术说明书

化学品安全技术说明书(Safety Data Sheet,SDS),又称物质安全技术说明书(Material Safety Data Sheet,MSDS),是化学品生产商和销售商按法律要求向客户提供的有关化学品特征的一份综合性资料,简要说明了一种化学品对人类健康和环境的危害性并提供如何安全搬运、储存和使用该化学品的信息。其包括十六项内容,见表 1-2。

SDS 作为传递产品安全信息基础的技术文件,是化学品登记管理重要的技术和信息来源。作为提供给用户的一项服务,生产企业应随化学商品向用户提供安全说明书,从而让用户在使用前明确了化学品的有关危害,使用时能主动进行防护,起到减少职业危害和预防化学事故发生的作用,并且减少对环境的负面影响。

表 1-2　SDS 十六项内容

项	名称	项	名称
第一部分	产品及企业标识	第九部分	理化特性
第二部分	危险性概述	第十部分	稳定性和反应性
第三部分	成分/组成信息	第十一部分	毒理学资料
第四部分	急救措施	第十二部分	生态学资料
第五部分	消防措施	第十三部分	废弃处置
第六部分	泄漏应急处理	第十四部分	运输信息
第七部分	操作处置与储存	第十五部分	法规信息
第八部分	接触控制/个人防护	第十六部分	其他信息

(二) 化学品标签

1. 安全标签的主要内容与设计

(1) 化学品标识。

用中文和英文分别标明危险化学品的名称或通用名称。名称要求醒目、清晰，位于标签的正上方。

(2) 象形图。

采用《危险化学品分类和标签规范》(GB 30000.2～30000.29) 规定的象形图。

(3) 信号词。

根据化学品的危险程度和类别，用"危险""警告"两个词分别进行危害程度的警示。信号词要求醒目、清晰，位于危险品名称的下方。

(4) 危险性概述。

简要概述危险品的危险特性，居信号词下方。

(5) 防范说明。

表述化学品在处置、搬运、储存和使用作业中所必须注意的事项和发生意外时简单有效的救护措施等，要求内容简明、扼要、重点突出。

(6) 供应商标识。

(7) 应急咨询电话。

(8) 资料参阅提示语。

(9) 危险信息先后排序。

2. 安全标签的责任

(1) 生产企业。

必须确保本企业生产的危险化学品在出厂时加贴符合国家标准的安全标签到危险化学品每个容器或每层包装上，使化学品供应和使用的每一阶段，均能在容器或包装上看到化学品的识别标志。

(2) 使用单位。

使用的化学危险品应有安全标签，并应对包装上的安全标签进行核对。若安全标签脱落或损坏，经检查确认后应立即补贴。

(3) 经销单位。

经销的危险化学品必须具有安全标签，进口的危险化学品必须具有符合我国标签标准的中文安全标签。

(4) 运输单位。

对无安全标签的危险品一律不能承运。

3. 安全标签的使用

(1) 使用方法。

安全标签应粘贴、挂拴、喷印在化学品包装或容器的明显位置。当与运输标志组合使用时，运输标志可以放在安全标签的另一面板，将之与其他信息分开，也可放在包装上靠近安全标签的位置，后一种情况下，若安全标签中的象形图与运输标志重复，安全标签中的象形图应删掉。对组合容器，要求内包装加贴（挂）安全标签，外包装上加贴运输象形图，如果不需要运输标志可以加贴安全标签。

(2) 位置。

安全标签的粘贴、喷印位置规定如下：

①桶、瓶形包装：位于桶、瓶侧身。

②箱状包装：位于包装端面或侧面明显处。

③袋、捆包装：位于包装明显处。

(3) 使用注意事项。

①安全标签的粘贴、挂拴、喷印应牢固，保证在运输、贮存期间不脱落，不损坏。

②安全标签应由生产企业在货物出厂前粘贴、挂拴、喷印。若要改换包装，则由改换包装单位重新粘贴、挂拴、喷印标签。

③盛装危险化学品的容器或包装，在经过处理并确认其危险性完全消除之后，方可撕下标签，否则不能撕下相应的标签。

同步强化训练

一、单项选择题

1. 危险化学品是指具有（　　）等性质，在生产、经营、储存、运输、使用和废弃物处置过程中，容易造成人员伤亡和财产损毁而需要特殊防护的化学品。

   A. 毒害、高压、爆炸、腐蚀、辐射

   B. 毒害、腐蚀、爆炸、燃烧、助燃

   C. 易燃、易爆、有毒、有害、高温

   D. 爆炸、易燃、毒害、腐蚀、低温

2. 根据国家标准《危险化学品仓库储存通则》（GB 15603—2022）的规定，储存的危险化学品应有明显的标志。在同一区域储存两种或两种以上不同危险级别的危险化学品，应（　　）。

   A. 按中等危险等级化学品的性能标志

   B. 按最低等级危险化学品的性能标志

   C. 按最高等级的危险化学品的性能标志

   D. 按同类危险化学品的性能标志

3. 氨合成的压力达到（　　）属于高压环境。

   A. 24MPa B. 32MPa

   C. 36MPa D. 42MPa

4. 按照工作温度划分，下列属于常温容器的是（　　）。
   A. 设计温度（x）<-20℃
   B. -20℃≤设计温度（x）<200℃
   C. 200℃≤设计温度（x）<450℃
   D. 设计温度（x）>450℃
5. 下列属于反应容器的是（　　）。
   A. 汽提塔
   B. 旋风分离器
   C. 氨合成塔
   D. 板式换热器
6. 工作压力为5MPa的压力容器属于（　　）。
   A. 高压容器
   B. 中压容器
   C. 中低压容器
   D. 低压容器

二、多项选择题

下列容器中属于贮运容器的是（　　）。
A. 汽提塔
B. 液化气罐
C. 球罐
D. 槽车
E. 氨合成塔

>>> 参考答案及解析 <<<

一、单项选择题

1. 【答案】B
   【解析】危险化学品是指具有毒害、腐蚀、爆炸、燃烧、助燃等性质，对人体、设施、环境具有危害的剧毒化学品和其他化学品。

2. 【答案】C
   【解析】储存的危险化学品应有明显的标志，标志应符合《危险货物包装标志》（GB 190—2009）的规定。同一区域储存两种或两种以上不同级别的危险化学品时，应按最高等级危险化学品的性能标志。

3. 【答案】B
   【解析】氨合成的压力有的达到32MPa。

4. 【答案】B
   【解析】低温容器：设计温度（x）<-20℃；常温容器：-20℃≤设计温度（x）<200℃；中温容器：200℃≤设计温度（x）<450℃；高温容器：设计温度（x）≥450℃。

5. 【答案】C
   【解析】按照作用原理划分如下所示：
   （1）反应容器：以化学反应为主，如氨合成塔、HCl反应器等。
   （2）换热容器：用于热交换，如列管式换热器、板式换热器等。
   （3）分离容器：用于将物料分离的容器，如汽提塔、旋风分离器等。
   选项A、B属于分离容器，选项D属于换热容器。

6. 【答案】B
   【解析】低压（代号L）容器：0.1 MPa≤P<1.6 MPa；中压（代号M）容器：1.6 MPa≤P<10.0 MPa；高压（代号H）容器：10 MPa≤P<100 MPa；超高压（代号U）容器：P≥100MPa。

二、多项选择题

【答案】 BCD

【解析】 按照作用原理划分如下所示：

（1）反应容器：以化学反应为主，如氨合成塔、HCl反应器等。

（2）换热容器：用于热交换，如列管式换热器、板式换热器等。

（3）分离容器：用于将物料分离的容器，如汽提塔、旋风分离器等。

（4）贮运容器：用于贮放和搬运物料，如液化气罐、球罐、槽车等。

选项A属于分离容器，选项E属于反应容器。

第二章
化工过程安全生产技术

运用化工安全相关技术和标准，掌握重点监管危险化工工艺的特性及控制方法等知识，针对特定的化工工艺，提出工艺安全要求，识别工艺安全风险，制定并实施安全技术措施；掌握化工过程涉及的特种设备分类、检验检测、运行维护等知识；针对具体的化工设备，提出设备运行、维护、开停车等环节的安全要求，识别设备安全风险，制定并实施安全技术措施；掌握化工企业常见的电气危害及防范技术等知识；掌握化工防火防爆安全技术等知识；掌握化工过程中产生的危害类型和故障模式，针对化工过程的危害类型制定并实施安全技术措施。

第一节　重点监管危险化工工艺的特性及控制方法

一、危险化工工艺的特性及控制方法

(一) 光气及光气化工工艺

光气及光气化工工艺包含光气的制备工艺,以及以光气为原料制备光气化产品的工艺路线,光气化工工艺主要分为气相和液相两种。

1. 反应类型

放热反应。

2. 工艺危险特点

(1) 光气为剧毒气体,在储运、使用过程中发生泄漏后,易造成大面积污染、中毒事故。

(2) 反应介质具有燃爆危险性。

(3) 副产物氯化氢具有腐蚀性,易造成设备和管线泄漏,使人员发生中毒事故。

3. 重点监控单元

光气化反应釜、光气储运单元。

4. 重点监控工艺参数

(1) 一氧化碳、氯气含水量。

(2) 反应釜温度、压力。

(3) 反应物质的配料比。

(4) 光气进料速度。

(5) 冷却系统中冷却介质的温度、压力、流量等。

5. 安全控制的基本要求

事故紧急切断阀;紧急冷却系统;反应釜温度、压力报警联锁;局部排风设施;有毒气体回收及处理系统;自动泄压装置;自动氨或碱液喷淋装置;光气、氯气、一氧化碳监测及超限报警;双电源供电。

(二) 电解工艺 (氯碱)

电流通过电解质溶液或熔融电解质时,在两个极上所引起的化学变化称为电解反应。涉及电解反应的工艺过程为电解工艺。许多基本化学工业产品(氢、氧、氯、烧碱、过氧化氢等)的制备,都是通过电解来实现的。

1. 反应类型

吸热反应。

2. 工艺危险特点

(1) 电解食盐水过程中产生的氢气是极易燃烧的气体,氯气是氧化性很强的剧毒气体,两种气体混合极易发生爆炸,当氯气中含氢量达到5%以上,随时可能在光照或受热情况下发生爆炸。

(2) 如果盐水中存在的铵盐超标,在适宜的条件(pH<4.5)下,铵盐和氯作用可生成氯化铵,浓氯化铵溶液与氯还可生成黄色油状的三氯化氮。三氯化氮是一种爆炸性物质,与许多有机物接触或加热至90℃以上及被撞击、摩擦等,即发生剧烈的分解而爆炸。

(3) 电解溶液腐蚀性强。

(4) 液氯的生产、储存、包装、输送、运输可能发生液氯的泄漏。

4. 重点监控单元

电解槽、氯气储运单元。

5. 重点监控工艺参数

(1) 电解槽内液位。

(2) 电解槽内电流和电压。

(3) 电解槽进出物料流量。

(4) 可燃和有毒气体浓度。

(5) 电解槽的温度和压力。

(6) 原料中铵含量。

(7) 氯气杂质含量（水、氢气、氧气、三氯化氮等）等。

6. 安全控制的基本要求

电解槽温度、压力、液位、流量报警和联锁；电解供电整流装置与电解槽供电的报警和联锁；紧急联锁切断装置；事故状态下氯气吸收中和系统；可燃和有毒气体检测报警装置等。

（三）氯化工艺

氯化是在化合物分子中引入氯原子的反应，包含氯化反应的工艺过程为氯化工艺，主要包括取代氯化、加成氯化、氧氯化等。

1. 反应类型

放热反应。

2. 工艺危险特点

(1) 氯化反应是一个放热过程，尤其在较高温度下进行氯化，反应更为剧烈，速度快，放热量较大。

(2) 所用的原料大多具有燃爆危险性。

(3) 常用的氯化剂氯气本身为剧毒化学品，氧化性强，储存压力较高，多数氯化工艺采用液氯生产，是先汽化再氯化，一旦泄漏危险性较大。

(4) 氯气中的杂质，如水、氢气、氧气、三氯化氮等，在使用中易发生危险，特别是三氯化氮积累后，容易引发爆炸危险。

(5) 生成的氯化氢气体遇水后腐蚀性强。

(6) 氯化反应尾气可能形成爆炸性混合物。

3. 重点监控单元

氯化反应釜、氯气储运单元。

4. 重点监控工艺参数

(1) 氯化反应釜温度和压力。

(2) 氯化反应釜搅拌速率。

(3) 反应物料的配比。

(4) 氯化剂进料流量。

(5) 冷却系统中冷却介质的温度、压力、流量等。

(6) 氯气杂质含量（水、氢气、氧气、三氯化氮等）。

(7) 氯化反应尾气组成等。

5. 安全控制的基本要求

反应釜温度和压力的报警和联锁；反应物料的比例控制和联锁；搅拌的稳定控制；进料缓冲器；紧急进料切断系统；紧急冷却系统；安全泄放系统；事故状态下氯气吸收中和系统；可燃和有毒气体检测报警装置等。

（四）硝化工艺

硝化是在有机化合物分子中引入硝基（—NO_2）的反应，最常见的是取代反应。硝化方法可分成直接硝化法、间接硝化法和亚硝化法，分别用于生产硝基化合物、硝胺、硝酸酯和亚硝基化合物等。涉及硝化反应的工艺过程为硝化工艺。

1. 反应类型

放热反应。

2. 工艺危险特点

(1) 反应速度快，放热量大。大多数硝化反应是在非均相中进行的，反应组分的不均匀分布容易引起局部过热导致危险。尤其在硝化反应开始阶段，停止搅拌或由于搅拌叶片脱落等造成搅拌失效是非常危险的，一旦搅拌再次开动，就会突然引发局部激烈反应，瞬间释放大量的热量，引起爆炸事故。

(2) 反应物料具有燃爆危险性；硝化产物、副产物具有爆炸危险性。

(3) 硝化剂具有强腐蚀性、强氧化性，与油脂、有机化合物（尤其是不饱和有机化合物）接触能引起燃烧或爆炸。

3. 重点监控单元

硝化反应釜、分离单元。

4. 重点监控工艺参数

(1) 硝化反应釜内温度、搅拌速率。

(2) 硝化剂流量。

(3) 冷却水流量。

(4) pH 值。

(5) 硝化产物中杂质含量。

(6) 精馏分离系统温度。

(7) 塔釜杂质含量等。

5. 安全控制的基本要求

反应釜温度的报警和联锁；自动进料控制和联锁；紧急冷却系统；搅拌的稳定控制和联锁系统；分离系统温度控制与联锁；塔釜杂质监控系统；安全泄放系统等。

（五）合成氨工艺

氮和氢两种组分按一定比例（1∶3）组成的气体（合成气），在高温、高压下（一般为400～450℃，15～30MPa），经催化反应生成氨的工艺过程，称为合成氨工艺。

1. 反应类型

放热反应。

2. 工艺危险特点

(1) 高温、高压使可燃气体爆炸极限扩宽，气体物料一旦过氧（亦称透氧），极易在设备和管道内发生爆炸。

（2）高温、高压气体物料从设备管线泄漏时会迅速膨胀，与空气混合形成爆炸性混合物，遇到明火或因高流速物料与裂（喷）口处摩擦产生静电火花引起着火和空间爆炸。

（3）气体压缩机等转动设备在高温下运行会使润滑油挥发裂解，在附近管道内造成积炭，可导致积炭燃烧或爆炸。

（4）高温、高压可加速设备金属材料发生蠕变，改变金相组织，还会加剧氢气、氮气对钢材的氢蚀及渗氮，加剧设备的疲劳腐蚀，使其机械强度减弱，引发物理爆炸。

（5）液氨大规模事故性泄漏会形成低温云团，引起大范围人群中毒，遇明火还会发生空间爆炸。

3. 重点监控单元

合成塔、压缩机、氨储存系统。

4. 重点监控工艺参数

合成塔、压缩机、氨储存系统的运行基本控制参数，包括温度、压力、液位、物料流量及比例等。

5. 安全控制的基本要求

合成氨装置温度、压力报警和联锁；物料比例控制和联锁；压缩机的温度、入口分离器液位、压力报警联锁；紧急冷却系统；紧急切断系统；安全泄放系统；可燃、有毒气体检测报警装置。

（六）裂解（裂化）工艺

裂解是指石油系的烃类原料在高温条件下，发生碳链断裂或脱氢反应，生成烯烃及其他产物的过程。产品以乙烯、丙烯为主，同时副产丁烯、丁二烯等烯烃和裂解汽油、柴油、燃料油等产品。

烃类原料在裂解炉内进行高温裂解，产出组成为氢气、低/高碳烃类、芳烃类，以及馏分为288℃以上的裂解燃料油的裂解气混合物，经过急冷、压缩、激冷、分馏，以及干燥和加氢等方法，分离出目标产品和副产品。

在裂解过程中，同时伴随缩合、环化和脱氢等反应。由于所发生的反应很复杂，通常把反应分成两个阶段。第一阶段，原料变成的目的产物为乙烯、丙烯，这种反应称为一次反应。第二阶段，一次反应生成的乙烯、丙烯继续反应转化为炔烃、二烯烃、芳烃、环烷烃，甚至最终转化为氢气和焦炭，这种反应称为二次反应。裂解产物往往是多种组分混合物。影响裂解的基本因素主要为温度和反应的持续时间。化工生产中用热裂解的方法生产小分子烯烃、炔烃和芳香烃，如乙烯、丙烯、丁二烯、乙炔、苯和甲苯等。

1. 反应类型

高温吸热反应。

2. 工艺危险特点

（1）在高温（高压）下进行反应，装置内的物料温度一般超过其自燃点，若漏出会立即引起火灾。

（2）炉管内壁结焦会使流体阻力增加，影响传热，当焦层达到一定厚度时，因炉管壁温度过高，而不能继续运行下去，必须进行清焦，否则会烧穿炉管，裂解气外泄，引起裂解炉爆炸。

（3）如果由于断电或引风机机械故障，引风机突然停转，则炉膛内很快变成正压，会从窥视孔或烧嘴等处向外喷火，严重时会引起炉膛爆炸。

（4）如果燃料系统大幅度波动，燃料气压力过低，则可能造成裂解炉烧嘴回火，使烧嘴烧坏，甚至会引起爆炸。

（5）有些裂解工艺产生的单体会自聚或爆炸，需要向产生的单体中加阻聚剂或稀释剂等。

3. 安全控制的基本要求

裂解炉进料压力、流量控制报警与联锁；紧急裂解炉温度报警和联锁；紧急冷却系统；紧急切断系统；反应压力与压缩机转速及入口放火炬控制；再生压力的分程控制；滑阀差压与料位、温度的超驰控制；再生温度与外取热器负荷控制；外取热器汽包和锅炉汽包液位的三冲量控制；锅炉的熄火保护；机组相关控制；可燃与有毒气体检测报警装置等。

（七）氟化工艺

氟化是在化合物的分子中引入氟原子的反应，涉及氟化反应的工艺过程为氟化工艺。氟气与有机化合物作用是强放热反应，放出大量的热可使反应物分子结构遭到破坏，甚至着火爆炸。氟化剂通常为氟气、卤族氟化物、惰性元素氟化物、高价金属氟化物、氟化氢、氟化钾等。

1. 反应类型

放热反应。

2. 工艺危险特点

（1）反应物料具有燃爆危险性。

（2）氟化反应为强放热反应，不及时排除反应热量，易导致超温超压，引发设备爆炸事故。

（3）多数氟化剂具有强腐蚀性、剧毒性，在生产、储存、运输、使用等过程中，容易因泄漏、操作不当、误接触及其他意外而造成危险。

3. 安全控制的基本要求

反应釜内温度和压力与反应进料、紧急冷却系统的报警和联锁；搅拌的稳定控制系统；安全泄放系统；可燃和有毒气体检测报警装置等。

（八）加氢工艺

加氢是在有机化合物分子中加入氢原子的反应，涉及加氢反应的工艺过程为加氢工艺，主要包括不饱和键加氢、芳环化合物加氢、含氮化合物加氢、含氧化合物加氢、氢解等。

1. 反应类型

放热反应。

2. 工艺危险特点

（1）反应物料具有燃爆危险性，氢气的爆炸极限为 $4\%\sim75\%$，具有高燃爆危险特性。

（2）加氢为强烈的放热反应，氢气在高温高压下与钢材接触，钢材内的碳易与氢气发生反应生成碳氢化合物，使钢质设备强度降低，发生氢脆。

（3）催化剂再生和活化过程中易引发爆炸。

（4）加氢反应尾气中未完全反应的氢气和其他杂质在排放时易引发着火或爆炸。

3. 安全控制的基本要求

温度和压力的报警和联锁；反应物料的比例控制和联锁系统；紧急冷却系统；搅拌的稳定控制系统；氢气紧急切断系统；加装安全阀、爆破片等安全设施；循环氢压缩机停机报警和联锁；氢气检测报警装置等。

·典型例题·

1. 醋酸与氯反应生成一氯乙酸，这属于重点监管的危险化工工艺中的氯化工艺。下列关于该工艺危险特点的说法中,正确的是( )。

A. 醋酸有腐蚀性,无燃爆危险性　　　　B. 氯气作为氯化剂,无氧化性
C. 反应速度快,需热量大　　　　　　　D. 尾气可能形成爆炸性混合物

【解析】氯化工艺的危险性特点:

(1) 氯化反应是一个放热过程,尤其在较高温度下进行氯化,反应更为剧烈,速度快,放热量较大。

(2) 所用的原料大多具有燃爆危险性。

(3) 常用的氯化剂氯气本身为剧毒化学品,氧化性强,储存压力较高,多数氯化工艺采用液氯生产是先汽化再氯化,一旦泄漏危险性较大。

(4) 氯气中的杂质,如水、氢气、氧气、三氯化氮等,在使用中易发生危险,特别是三氯化氮积累后,容易引发爆炸危险。

(5) 生成的氯化氢气体遇水后腐蚀性强。

(6) 氯化反应尾气可能形成爆炸性混合物。

2. 硝化反应的反应速度快、放热量大、其反应物料具有燃爆的危险性。下列关于硝化工艺控制方式的说法中,错误的是( )。

A. 将硝化反应釜内温度与釜内搅拌、硝化剂流量、硝化反应釜夹套冷却水进水阀形成联锁关系
B. 硝化反应系统应设有泄爆管和紧急排放系统
C. 硝化反应系统应设置反应温度和液位联锁控制系统
D. 在硝化反应釜处设立紧急停车系统

【解析】硝化工艺宜采用的控制方式:

(1) 将硝化反应釜内温度与釜内搅拌、硝化剂流量、硝化反应釜夹套冷却水进水阀形成联锁关系,在硝化反应釜处设立紧急停车系统,当硝化反应釜内温度超标或搅拌系统发生故障,能自动报警并自动停止加料。分离系统温度与加热、冷却形成联锁,温度超标时,能停止加热并紧急冷却。

(2) 硝化反应系统应设有泄爆管和紧急排放系统。

3. 某化工企业以苯为原料通过加氢工艺生产环己烷,根据《首批重点监管的危险化工工艺安全控制要求、重点监控参数及推荐的控制方案》(安监总管三〔2009〕116号),下列监控工艺参数中,不属于加氢工艺重点监控的是( )。

A. 加氢反应釜或催化剂床层温度、压力,冷却水流量
B. 加氢反应釜内搅拌速率、氢气流量、氢气压缩机运行参数
C. 反应物质的配料比、系统氧含量、加氢反应尾气组成
D. 反应物质的物料中氢含量、苯含量、加氢反应釜内氮含量

【解析】加氢工艺重点监控参数:

(1) 加氢反应釜或催化剂床层温度、压力。
(2) 加氢反应釜内搅拌速率。
(3) 氢气流量。
(4) 反应物质的配料比。
(5) 系统氧含量。
(6) 冷却水流量。

(7) 氢气压缩机运行参数、加氢反应尾气组成等。

4. 化工生产中的加氢裂化是在高温高压下进行的，加氢裂化装置类型较多。下列关于加氢裂化过程存在的危险和控制方法的说法中，不正确的是（　　）。

A. 氢气在高压下与钢接触，会提高钢的强度
B. 要防止油品和氢气的泄漏，以避免发生火灾爆炸
C. 加热炉要平稳操作，防止局部过热，烧穿炉管
D. 反应器必须通冷氢以控制温度

【解析】加氢工艺的危险性：
(1) 反应物料具有燃爆危险性，氢气的爆炸极限为4%～75%，具有高燃爆危险特性。
(2) 加氢为强烈的放热反应，氢气在高温高压下与钢材接触，钢材内的碳易与氢气发生反应生成碳氢化合物，使钢制设备强度降低，发生氢脆。
(3) 催化剂再生和活化过程中易引发爆炸。
(4) 加氢反应尾气中未完全反应的氢气和其他杂质在排放时易引发着火或爆炸。

5. 氯化钠水溶液电解生产氯气、氢氧化钠、氢气，属于典型的化工工艺，在电解过程中要对电解槽温度、压力、液位、流量采取报警和联锁，实现安全控制。下列氯化钠水溶液电解过程的技术措施中，不属于安全控制措施的是（　　）。

A. 设置事故状态下氯气吸收中和系统
B. 设置供电整流装置与电解槽供电的报警和联锁
C. 氯气含水量监测
D. 设置氢气检测报警装置

【解析】电解工艺安全控制的基本要求有：
(1) 电解槽温度、压力、液位、流量报警和联锁。
(2) 电解供电整流装置与电解槽供电的报警和联锁。
(3) 紧急联锁切断装置。
(4) 事故状态下氯气吸收中和系统。
(5) 可燃和有毒气体检测报警装置等。

答案：1.D　2.C　3.D　4.A　5.C

（九）重氮化工艺

一级胺与亚硝酸在低温下作用，生成重氮盐的反应为重氮化反应。脂肪族、芳香族和杂环的一级胺都可以进行重氮化反应。涉及重氮化反应的工艺过程为重氮化工艺。通常重氮化试剂是由亚硝酸钠和盐酸作用临时制备的。除盐酸外，也可以使用硫酸、高氯酸和氟硼酸等无机酸。脂肪族重氮盐很不稳定，即使在低温下也能迅速自发分解，芳香族重氮盐较为稳定。

1. 反应类型

绝大多数为放热反应。

2. 工艺危险特点

(1) 重氮盐在温度稍高或光照的作用下，特别是含有硝基的重氮盐极易分解，有的甚至在室温时亦能分解。在干燥状态下，有些重氮盐不稳定，活性强，受热或受到摩擦、撞击等作用能发生分解甚至爆炸。

(2) 重氮化生产过程所使用的亚硝酸钠是无机氧化剂，175℃时能发生分解，与有机物反

应导致着火或爆炸。

（3）反应原料具有燃爆危险性。

3. 安全控制的基本要求

反应釜温度和压力的报警和联锁；反应物料的比例控制和联锁系统；紧急冷却系统；紧急停车系统；安全泄放系统；后处理单元配置温度监测、惰性气体保护的联锁装置等。

（十）氧化工艺

氧化为有电子转移的化学反应中失电子的过程，即氧化数升高的过程。多数有机化合物的氧化反应表现为反应原料得到氧或失去氢。涉及氧化反应的工艺过程为氧化工艺。常用的氧化剂有氧气、双氧水、氯酸钾、高锰酸钾、硝酸盐等。

1. 反应类型

放热反应。

2. 工艺危险特点

（1）反应原料及产品具有燃爆危险性。

（2）反应气相组成容易达到爆炸极限，具有闪爆危险。

（3）部分氧化剂具有燃爆危险性，如氯酸钾、高锰酸钾、铬酸酐等都属于氧化剂，如遇高温或受撞击、摩擦，以及与有机物、酸类接触，皆能引起火灾爆炸。

（4）产物中易生成过氧化物，过氧化物化学稳定性差，受高温、摩擦或撞击作用易分解、燃烧或爆炸。

3. 安全控制的基本要求

反应釜温度和压力的报警和联锁；反应物料的比例控制和联锁及紧急切断动力系统；紧急断料系统；紧急冷却系统；紧急送入惰性气体的系统；气相氧含量监测、报警和联锁；安全泄放系统；可燃和有毒气体检测报警装置等。

（十一）过氧化工艺

向有机化合物分子中引入过氧基（—O—O—）的反应称为过氧化反应，得到的产物为过氧化物的工艺过程为过氧化工艺。

1. 反应类型

吸热反应或放热反应。

2. 工艺危险特点

（1）过氧化物都含有过氧基（—O—O—），属含能物质，由于过氧键结合力弱，断裂时所需的能量不大，对热、振动、冲击或摩擦等都极为敏感，极易分解甚至爆炸。

（2）过氧化物与有机物、纤维接触时易发生氧化，产生火灾。

（3）反应气相组成容易达到爆炸极限，具有燃爆危险。

3. 安全控制的基本要求

反应釜温度和压力的报警和联锁；反应物料的比例控制和联锁及紧急切断动力系统；紧急断料系统；紧急冷却系统；紧急送入惰性气体的系统；气相氧含量监测、报警和联锁；紧急停车系统；安全泄放系统；可燃和有毒气体检测报警装置等。

（十二）胺基化工艺

胺化是在分子中引入胺基（R_2N—）的反应，包括 R-CH_3 烃类化合物（R：氢、烷基、芳基），在催化剂存在下，与氨和空气的混合物进行高温氧化反应，生成腈类等化合物的反应。涉及上述反应的工艺过程为胺基化工艺。

1. 反应类型

放热反应。

2. 工艺危险特点

(1) 反应介质具有燃爆危险性。

(2) 在常压下 20℃时，氨气的爆炸极限为 15%～27%，随着温度、压力的升高，爆炸极限的范围增大。因此，在一定的温度、压力和催化剂的作用下，氨的氧化反应放出大量热，一旦氨气与空气比失调，就可能发生爆炸事故。

(3) 由于氨呈碱性，具有强腐蚀性，在混有少量水分或湿气的情况下，无论是气态或液态氨都会与铜、银、锡、锌及其合金发生化学作用。

(4) 氨易与氧化银或氧化汞反应生成爆炸性化合物（雷酸盐）。

3. 安全控制的基本要求

反应釜温度和压力的报警和联锁；反应物料的比例控制和联锁系统；紧急冷却系统；气相氧含量监控联锁系统；紧急送入惰性气体的系统；紧急停车系统；安全泄放系统；可燃和有毒气体检测报警装置等。

（十三）磺化工艺

磺化是向有机化合物分子中引入磺酰基（—SO_3H）的反应。磺化方法分为三氧化硫磺化法、共沸去水磺化法、氯磺酸磺化法、烘焙磺化法和亚硫酸盐磺化法等。涉及磺化反应的工艺过程为磺化工艺。磺化反应除增加产物的水溶性和酸性外，还可以使产品具有表面活性。芳烃经磺化后，其中的磺酸基可进一步被其他基团[如羟基（—OH）、氨基（—NH_2）、氰基（—CN）等]取代，生成多种衍生物。

1. 反应类型

放热反应。

2. 工艺危险特点

(1) 反应原料具有燃爆危险性；磺化剂具有氧化性、强腐蚀性；投料顺序颠倒、投料速度过快、搅拌不良、冷却效果不佳等，都有可能造成反应温度异常升高，使磺化反应变为燃烧反应，引起火灾或爆炸事故。

(2) 氧化硫易冷凝堵管，泄漏后易形成酸雾，危害较大。

3. 安全控制的基本要求

反应釜温度的报警和联锁；搅拌的稳定控制和联锁系统；紧急冷却系统；紧急停车系统；安全泄放系统；三氧化硫泄漏监控报警系统等。

（十四）聚合工艺

聚合是一种或几种小分子化合物变成大分子化合物（也称高分子化合物或聚合物，通常分子量为 1.0×10^4～1.0×10^7）的反应，涉及聚合反应的工艺过程为聚合工艺。聚合工艺的种类很多，按聚合方法可分为本体聚合、悬浮聚合、乳液聚合、溶液聚合等。

1. 反应类型

放热反应。

2. 工艺危险特点

(1) 聚合原料具有自聚和燃爆危险性。

(2) 如果反应过程中热量不能及时移出，随物料温度上升，发生裂解和暴聚，所产生的热量会使裂解和暴聚过程进一步加剧，进而引发反应器爆炸。

(3) 部分聚合助剂危险性较大。

3. 安全控制的基本要求

反应釜温度和压力的报警和联锁；紧急冷却系统；紧急切断系统；紧急加入反应终止剂系统；搅拌的稳定控制和联锁系统；料仓静电消除、可燃气体置换系统，可燃和有毒气体检测报警装置；高压聚合反应釜设有防爆墙和泄爆面等。

（十五）烷基化工艺

把烷基引入有机化合物分子中的碳、氮、氧等原子上的反应称为烷基化反应。涉及烷基化反应的工艺过程为烷基化工艺，可分为 C-烷基化反应、N-烷基化反应、O-烷基化反应等。

1. 反应类型

放热反应。

2. 工艺危险特点

（1）反应介质具有燃爆危险性。

（2）烷基化催化剂具有自燃危险性，遇水剧烈反应，放出大量热量，容易引起火灾甚至爆炸。

（3）烷基化反应都是在加热条件下进行的，原料、催化剂、烷基化剂等加料次序颠倒、加料速度过快或者搅拌中断停止等异常现象容易引起局部剧烈反应，造成跑料，引发火灾或爆炸事故。

3. 安全控制的基本要求

反应物料的紧急切断系统；紧急冷却系统；安全泄放系统；可燃和有毒气体检测报警装置等。

（十六）新型煤化工工艺

以煤为原料，经化学加工使煤直接或者间接转化为气体、液体和固体燃料、化工原料或化学品的工艺过程。

1. 反应类型

放热反应。

2. 工艺危险特点

（1）反应介质涉及一氧化碳、氢气、甲烷、乙烯、丙烯等易燃气体，具有燃爆危险性。

（2）反应过程多为高温、高压过程，易发生工艺介质泄漏，引发火灾、爆炸和一氧化碳中毒事故。

（3）反应过程可能形成爆炸性混合气体。

（4）多数煤化工新工艺反应速度快，放热量大，造成反应失控。

（5）反应中间产物不稳定，易造成分解爆炸。

3. 宜采用的控制方式

（1）将进料流量、外取热蒸汽流量、外取热蒸汽包液位、H_2/CO 比例与反应器进料系统设立联锁关系，一旦发生异常工况启动联锁，紧急切断所有进料，开启事故蒸汽阀或氮气阀，迅速置换反应器内物料，并将反应器进行冷却、降温。

（2）安全设施，包括安全阀、防爆膜、紧急切断阀及紧急排放系统等。

（十七）电石生产工艺

电石生产工艺是以石灰和炭素材料（焦炭、兰炭、石油焦、冶金焦、白煤等）为原料，在电石炉内依靠电弧热和电阻热在高温进行反应，生成电石的工艺过程。

1. 反应类型

吸热反应。

2. 工艺危险特点

（1）电石炉工艺操作具有火灾、爆炸、烧伤、中毒、触电等危险性。

(2) 电石遇水会发生激烈反应，生成乙炔气体，具有燃爆危险性。
(3) 电石的冷却、破碎过程具有人身伤害、烫伤等危险性。
(4) 反应产物一氧化碳有毒，与空气混合到 12.5%～74% 时会引起燃烧和爆炸。
(5) 生产中漏糊造成电极软断时，会使炉气出口温度突然升高，炉内压力突然增大，造成严重的爆炸事故。

3. 宜采用的控制方式

(1) 将炉气压力、净化总阀与放散阀形成联锁关系。
(2) 将炉气组分氢、氧含量高与净化系统形成联锁关系。
(3) 将料仓超料位、氢含量与停炉形成联锁关系。
(4) 安全设施，包括安全阀、重力泄压阀、紧急放空阀、防爆膜等。

（十八）偶氮化工艺

合成通式为 R—N＝N—R 的偶氮化合物的反应称为偶氮化反应。式中，R 为脂烃基或芳烃基，两个 R 基可相同或不同。涉及偶氮化反应的工艺过程为偶氮化工艺。

1. 反应类型

放热反应。

2. 工艺危险特点

(1) 部分偶氮化合物极不稳定，活性强，受热或摩擦、撞击等作用能发生分解甚至爆炸。
(2) 偶氮化生产过程所使用的肼类化合物，高毒，具有腐蚀性，易发生分解爆炸，遇氧化剂能自燃。
(3) 反应原料具有燃爆危险性。

3. 宜采用的控制方式

(1) 将偶氮化反应釜内温度、压力与釜内搅拌、肼流量、偶氮化反应釜夹套冷却水进水阀形成联锁关系。在偶氮化反应釜处设立紧急停车系统，当偶氮化反应釜内温度超标或搅拌系统发生故障时，自动停止加料，并紧急停车。
(2) 后处理设备应配置温度检测、搅拌、冷却联锁自动控制调节装置，干燥设备应配置温度测量、加热热源开关、惰性气体保护的联锁装置。
(3) 安全设施，包括安全阀、爆破片、紧急放空阀等。

第二节　特种设备的分类、检测及维护

一、特种设备的分类和定义

(1) 压力容器。压力容器是指盛装气体或者液体，承载一定压力的密闭设备，其范围规定为最高工作压力大于或者等于 0.1MPa（表压）的气体、液化气体和最高工作温度高于或者等于标准沸点的液体、容积大于或者等于 30L 且内直径（非圆形截面指截面内边界最大几何尺寸）大于或者等于 150mm 的固定式容器和移动式容器；盛装公称工作压力大于或者等于 0.2MPa（表压），且压力与容积的乘积大于或者等于 1.0MPa·L 的气体、液化气体和标准沸点等于或者低于 60℃ 液体的气瓶、氧舱等。

(2) 压力管道。压力管道是指利用一定的压力，用于输送气体或者液体的管状设备，其范围规定为最高工作压力大于或者等于 0.1MPa（表压），介质为气体、液化气体、蒸汽或者可燃、易爆、有毒、有腐蚀性、最高工作温度高于或者等于标准沸点的液体，且公称直径大于

50mm 的管道。公称直径小于 150mm，且其最高工作压力小于 1.6MPa（表压）的输送无毒、不可燃、无腐蚀性气体的管道和设备本体所属管道除外。

（3）起重机械。起重机械是指用于垂直升降或者垂直升降并水平移动重物的机电设备，其范围规定为额定起重量大于或者等于 0.5t 的升降机；额定起重量大于或者等于 3t（或额定起重力矩大于或者等于 40t·m 的塔式起重机，或生产率大于或者等于 300t/h 的装卸桥），且提升高度大于或者等于 2m 的起重机；层数大于或者等于 2 层的机械式停车设备。

（4）锅炉。锅炉是指利用各种燃料、电或者其他能源，将所盛装的液体加热到一定的参数，并通过对外输出介质的形式提供热能的设备，其范围规定为设计正常水位容积大于或者等于 30L，且额定蒸汽压力大于或者等于 0.1MPa（表压）的承压蒸汽锅炉；出口水压大于或者等于 0.1MPa（表压），且额定功率大于或者等于 0.1MW 的承压热水锅炉；额定功率大于或者等于 0.1MW 的有机热载体锅炉。

（5）特种设备包括其附属的安全附件、安全保护装置和与安全保护装置相关的设施。

二、特种设备的检验检测

特种设备检验检测机构是指从事特种设备定期检验、监督检验、型式试验、无损检测等检验检测活动的技术机构，包括综合检验机构、型式试验机构、无损检测机构、气瓶检验机构。

从事监督检验、定期检验的特种设备检验机构，以及为特种设备生产、经营、使用提供检测服务的特种设备检测机构，应当具备下列条件，并经负责特种设备安全监督管理的部门核准，方可从事检验、检测工作：

（1）有与检验、检测工作相适应的检验、检测人员。

（2）有与检验、检测工作相适应的检验、检测仪器和设备。

（3）有健全的检验、检测管理制度和责任制度。

特种设备检验、检测机构的检验、检测人员应当经考核，取得检验、检测人员资格，方可从事检验、检测工作。特种设备检验、检测机构的检验、检测人员不得同时在两个以上检验、检测机构中执业；变更执业机构的，应当依法办理变更手续。

特种设备检验、检测工作应当遵守法律、行政法规的规定，并按照安全技术规范的要求进行。特种设备检验、检测机构及其检验、检测人员应当依法为特种设备生产、经营、使用单位提供安全、可靠、便捷、诚信的检验、检测服务。

特种设备检验、检测机构及其检验、检测人员应当客观、公正、及时地出具检验、检测报告，并对检验、检测结果和鉴定结论负责。特种设备检验、检测机构及其检验、检测人员在检验、检测中发现特种设备存在严重事故隐患时，应当及时告知相关单位，并立即向负责特种设备安全监督管理的部门报告。负责特种设备安全监督管理的部门应当组织对特种设备检验、检测机构的检验、检测结果和鉴定结论进行监督抽查，但应当防止重复抽查。监督抽查结果应当向社会公布。

特种设备生产、经营、使用单位应当按照安全技术规范的要求向特种设备检验、检测机构及其检验、检测人员提供特种设备相关资料和必要的检验、检测条件，并对资料的真实性负责。

特种设备检验、检测机构及其检验、检测人员对检验、检测过程中知悉的商业秘密，负有保密义务。特种设备检验、检测机构及其检验、检测人员不得从事有关特种设备的生产、经营活动，不得推荐或者监制、监销特种设备。

特种设备检验机构及其检验人员利用检验工作故意刁难特种设备生产、经营、使用单位的，特种设备生产、经营、使用单位有权向负责特种设备安全监督管理的部门投诉，接到投诉的部门应当及时进行调查处理。

特种设备点检分为三级点检：①岗位巡检人员每班巡检，依照点检项目对设备进行巡检，巡回检查发现的问题要及时处理，并将检查结果记入特种设备的设备技术档案；对无法处理的问题要以书面形式逐级上报，并做好相关的记录和标示，交班时要将问题交接清楚；②分厂管理人员每周点检，点检内容按照点检项目要求进行，并要经常询问岗位人员对特种设备的巡回检查情况，并对岗位巡检记录抽查，以保证岗位巡回检查制度的实施；③公司管理人员每月点检，点检内容按照点检项目要求进行，并对分厂点检和岗位点检进行抽查。

三、特种设备的运行维护

特种设备使用单位应当使用取得生产许可并经检验合格的特种设备。禁止使用国家明令淘汰和已经报废的特种设备。

特种设备使用单位应当在特种设备投入使用前或者投入使用后30日内，向负责特种设备安全监督管理的部门办理使用登记，取得使用登记证书。登记标志应当置于该特种设备的显著位置。

特种设备使用单位应当建立岗位责任、隐患治理、应急救援等安全管理制度，制定操作规程，保证特种设备安全运行。特种设备使用单位应当建立特种设备安全技术档案。安全技术档案应当包括以下内容：①特种设备的设计文件、产品质量合格证明、安装及使用维护保养说明、监督检验证明等相关技术资料和文件；②特种设备的定期检验和定期自行检查记录；③特种设备的日常使用状况记录；④特种设备及其附属仪器仪表的维护保养记录；⑤特种设备的运行故障和事故记录。

电梯、客运索道、大型游乐设施等为公众提供服务的特种设备的运营使用单位，应当对特种设备的使用安全负责，设置特种设备安全管理机构或者配备专职的特种设备安全管理人员；其他特种设备使用单位，应当根据情况设置特种设备安全管理机构或者配备专职、兼职的特种设备安全管理人员。

特种设备的使用应当具有规定的安全距离、安全防护措施。与特种设备安全相关的建筑物、附属设施，应当符合有关法律、行政法规的规定。

特种设备属于共有的，共有人可以委托物业服务单位或者其他管理人管理特种设备，受托人履行本法规定的特种设备使用单位的义务，承担相应责任。共有人未委托的，由共有人或者实际管理人履行管理义务，承担相应责任。

特种设备使用单位应当对其使用的特种设备进行经常性维护保养和定期自行检查，并作出记录。特种设备使用单位应当对其使用的特种设备的安全附件、安全保护装置进行定期校验、检修，并做出记录。

特种设备使用单位应当按照安全技术规范的要求，在检验合格有效期届满前一个月向特种设备检验机构提出定期检验要求。特种设备检验机构接到定期检验要求后，应当按照安全技术规范的要求及时进行安全性能检验。特种设备使用单位应当将定期检验标志置于该特种设备的显著位置。未经定期检验或者检验不合格的特种设备，不得继续使用。

特种设备安全管理人员应当对特种设备使用状况进行经常性检查，发现问题应当立即处理；情况紧急时，可以决定停止使用特种设备并及时报告本单位有关负责人。特种设备作业人员在作业过程中发现事故隐患或者其他不安全因素，应当立即向特种设备安全管理人员和单位有关负责人报告；特种设备运行不正常时，特种设备作业人员应当按照操作规程采取有效措施保证安全。

特种设备出现故障或者发生异常情况时，特种设备使用单位应当对其进行全面检查，消除事故隐患，方可继续使用。

锅炉使用单位应当按照安全技术规范的要求进行锅炉水（介）质处理，并接受特种设备检验机构的定期检验。从事锅炉清洗，应当按照安全技术规范的要求进行，并接受特种设备检验机构的监督检验。

对特种设备进行改造、修理，按照规定需要变更使用登记的，应当办理变更登记，方可继续使用。

特种设备存在严重事故隐患，无改造、修理价值，或者达到安全技术规范规定的其他报废条件的，特种设备使用单位应当依法履行报废义务，采取必要措施消除该特种设备的使用功能，并向原登记的负责特种设备安全监督管理的部门办理使用登记证书注销手续。规定报废条件以外的特种设备，达到设计使用年限可以继续使用的，应当按照安全技术规范的要求通过检验或者安全评估，并办理使用登记证书变更，方可继续使用。允许继续使用的，应当采取加强检验、检测和维护保养等措施，确保使用安全。

移动式压力容器、气瓶充装单位，应当具备下列条件，并经负责特种设备安全监督管理的部门许可，方可从事充装活动：①有与充装和管理相适应的管理人员和技术人员；②有与充装和管理相适应的充装设备、检测手段、场地厂房、器具、安全设施；③有健全的充装管理制度、责任制度、处理措施。充装单位应当建立充装前后的检查、记录制度，禁止对不符合安全技术规范要求的移动式压力容器和气瓶进行充装。气瓶充装单位应当向气体使用者提供符合安全技术规范要求的气瓶，对气体使用者进行气瓶安全使用指导，并按照安全技术规范的要求办理气瓶使用登记，及时申报定期检验。

· 典型例题 ·

1. 特种设备中，压力管道是指公称直径大于 50mm 并利用一定的压力输送气体或者液体的管道。下列介质中，必须应用压力管道输送的是（　　）。

A. 最高工作压力小于 0.1MPa（表压）的气体

B. 有腐蚀性、最高工作温度低于标准沸点的液体介质

C. 最高工作温度低于标准沸点的液体

D. 有腐蚀性、最高工作温度高于或者等于标准沸点的液体

【解析】压力管道是指利用一定的压力，用于输送气体或者液体的管状设备，其范围规定为最高工作压力大于或者等于 0.1MPa（表压）的气体、液化气体、蒸汽介质或者可燃、易爆、有毒、有腐蚀性、最高工作温度高于或者等于标准沸点的液体介质，且公称直径大于 50mm 的管道。

2. 根据《特种设备安全监察条例》，下列设备中，属于特种设备的是（　　）。

A. 挖掘机　　　　　　　　B. 大型车床

C. 铁路机车　　　　　　　D. 汽车起重机

【解析】特种设备依据其主要工作特点，分为承压类特种设备和机电类特种设备。

（1）承压类特种设备：是指承载一定压力的密闭设备或管状设备，包括锅炉、压力容器（含气瓶）、压力管道。

（2）机电类特种设备：是指必须由电力牵引或驱动的设备，包括电梯、起重机械、客运索道、大型游乐设施、场（厂）内专用机动车辆。

答案：1. D　2. D

第三节　化工防火防爆安全技术

一、化工防火防爆基本要求

（一）控制可燃物

（1）利用爆炸极限、相对密度等特性控制气态可燃物。
（2）利用闪点、自燃点等特性控制液态可燃物。
（3）利用燃点、自燃点等数据控制一般的固态可燃物。
（4）利用负压操作对易燃物料进行安全干燥、蒸馏、过滤或输送。

（二）控制助燃剂

（1）对密闭设备系统：

①有燃爆危险物料的设备和管道，尽量采用焊接，减少法兰连接。
②所采用的密封垫圈，一般工艺可用石棉橡胶垫圈；有高温、高压或强腐蚀性介质的工艺，宜采用聚四氟乙烯塑料垫圈。
③输送燃爆危险性大的气体、液体管道，最好用无缝钢管。盛装腐蚀性物料的容器尽可能不设开关和阀门，可将物料从顶部抽吸排出。
④接触高锰酸钾、氯酸钾、硝酸钾、漂白粉等粉状氧化剂的生产传动装置，要严加密封，经常清洗，定期更换润滑油，以防止粉尘漏进变速箱中与润滑油混合接触而引起火灾。
⑤加压和减压设备，在投入生产前和定期检修时，应做气密性检验和耐压强度试验。

（2）惰性气体保护。
（3）隔绝空气保存。
（4）通风置换。
（5）严格工艺纪律。

（三）控制点火源

（1）消除和控制明火。
（2）防止撞击火花和控制摩擦。
（3）防止和控制高温物体作用：
①禁止可燃物料与高温设备、管道表面接触。
②工艺装置中的高温设备和管道要有隔热保护层。
③在散发可燃粉尘、纤维的厂房内，集中采暖的热媒温度不应过高。一般要求热水采暖不应超过130℃，蒸汽采暖不应超过110℃。采暖设备表面应光滑不沾灰尘。在有二硫化碳等低温自燃物的厂（库）房内，采暖的热媒温度不应超过90℃。
④加热温度超过物料自燃点的工艺过程，要严防物料外泄或空气侵入设备系统。如需排送高温可燃物料，不得用压缩空气，应当用氮气压送。
（4）防止电气火花。
（5）防止日光照射和聚光作用。

（四）控制工艺参数

控制工艺参数，就是控制反应温度、压力，控制投料的速度、配比、顺序以及原材料的纯度和副反应等。因为工艺参数失控，常常是造成火灾爆炸事故的根源之一，所以严格控制工艺参数，使之处于安全限度之内，是防火防爆的根本措施之一。

1. 控制温度

(1) 移走反应热量。

(2) 防止搅拌中断。

(3) 正确选择传热介质。

(4) 设置测温仪表。

2. 控制压力

除要求受压容器必须耐压强度高、气密性好、有安全阀保护外，还必须装设灵敏、准确、可靠的测量压力的仪表——压力计。

3. 控制投料

(1) 控制投料速度和数量。

(2) 控制投料配比。

(3) 控制投料顺序。

(4) 控制原材料纯度和副反应。

(5) 控制溢料和漏料。

(五) 防火防爆安全装置

1. 阻火设施

阻火设施包括安全液封、水封井、阻火器、阻火阀等，其作用是防止外部火焰蹿入设备、管道或阻止火焰在其间扩展。

阻火器是阻止易燃气体和易燃蒸气的火焰和火花继续传播的安全装置。一般安装在产生火星的设备和管道上，以防止飞出的火星引燃易燃易爆物质。阻火器有金属网型和波纹型两种型式。

2. 防爆泄压设备

防爆泄压设备包括安全阀、爆破片（防爆片）、防爆门和放空管等。安全阀主要用于防止物理性爆炸。爆破片和防爆门主要用于防止化学性爆炸。放空管是用来紧急排泄有超温、超压、爆聚和分解爆炸危险的物料。

3. 消防自动报警器

消防自动报警装置由自动报警器和接收器两大部分组成。自动报警器（检测器、探测器、探头）按其结构不同，可分为感温报警器、感光报警器、感烟报警器、可燃气体报警器等。

二、防火防爆技术基础知识

(一) 火灾发展过程和预防基本原则

1. 火灾发展过程的特点

当燃烧失去控制而发生火灾时，将经历下列发展阶段：

(1) 酝酿期。可燃物在热的作用下蒸发析出气体、冒烟和阴燃。

(2) 发展期。火苗蹿起，火势迅速扩大。

(3) 全盛期。火焰包围整个可燃物体，可燃物全面着火，燃烧面积达到最大限度，燃烧速度最快，放出强大辐射热，温度高，气体对流加剧。

(4) 衰灭期。可燃物质减少，火势逐渐衰弱，终至熄灭。

2. 预防火灾的基本原则
(1) 严格控制火源。
(2) 监视酝酿期特征。
(3) 采用耐火材料。
(4) 阻止火焰的蔓延。
(5) 限制火灾可能发展的规模。
(6) 组织训练消防队伍。
(7) 配备相应的消防器材。

(二) 爆炸发展过程与预防基本原则

1. 爆炸发展过程的特点
(1) 可燃物（可燃气体、蒸气或粉尘）与空气或氧气的相互扩散，均匀混合而形成爆炸性混合物。
(2) 爆炸性混合物遇着火源，爆炸开始。
(3) 由于连锁反应过程的发展，爆炸范围扩大和爆炸威力升级。
(4) 最后是完成化学反应，爆炸威力造成灾害性破坏。

2. 预防爆炸的基本原则
(1) 防止爆炸性混合物的形成。
(2) 严格控制着火源。
(3) 燃爆开始就及时泄出压力。
(4) 切断爆炸传播途径。
(5) 减弱爆炸压力和冲击波对人员、设备和建筑的损坏。
(6) 检测报警。

三、工业建筑防火与防爆

(一) 生产和储存过程中的火灾危险性分类

生产过程中的火灾危险性分类见表2-1。

表2-1 生产的火灾危险性分类

生产的火灾危险性类别	使用或产生下列物质生产的火灾危险性特征
甲类	(1) 闪点小于28℃的易燃液体 (2) 爆炸下限小于10%的可燃气体 (3) 常温下能自行分解或在空气中氧化即能导致迅速自燃或爆炸的物质 (4) 常温下受到水或空气中水蒸气的作用，能产生可燃气体并引起燃烧或爆炸的物质 (5) 遇酸、受热、撞击、摩擦以及遇有机物或硫黄等易燃的无机物，极易引起燃烧或爆炸的强氧化剂 (6) 受撞击、摩擦或与氧化剂、有机物接触时能引起燃烧或爆炸的物质 (7) 在密闭设备内操作温度不小于物质本身自燃点的生产
乙类	(1) 闪点大于28℃，但小于60℃的易燃、可燃液体 (2) 爆炸下限大于或等于10%的气体 (3) 不属于甲类的氧化剂 (4) 不属于甲类的易燃固体 (5) 助燃气体 (6) 能与空气形成爆炸性混合物的浮游状态的粉尘、纤维或闪点≥60℃的液体雾滴

续表

生产的火灾危险性类别	使用或产生下列物质生产的火灾危险性特征
丙类	(1) 闪点大于或等于60℃的可燃液体 (2) 可燃固体
丁类	(1) 对非燃烧物质进行加工，并在高温或熔化状态下经常产生辐射热、火花或火焰的生产 (2) 利用气体、液体、固体作为燃料或将气体、液体进行燃烧作其他用途的各种生产 (3) 常温下使用或加工难燃烧物质的生产
戊类	常温下使用或加工非燃烧物质的生产

储存物品的火灾危险性分类见表2-2。

表2-2 储存物品的火灾危险性分类

储存物品的火灾危险性类别	储存物品的火灾危险性特征	举例
甲类	(1) 爆炸下限小于10%的气体，以及受到水或空气中水蒸气的作用，能产生爆炸下限小于10%气体的固体物质 (2) 闪点小于28℃的易燃液体 (3)～(6) 同上表	(1) 己烷、戊烷、苯、二甲苯、甲醇、乙醇、乙醚、汽油、丙酮、丙烯、酒精度为38°及以上的白酒 (2) 乙炔、氢、甲烷、乙烯、丙烯、煤气、硫化氢、氯乙烯、液化石油气、电石、碳化铝 (3) 硝化棉、赛璐珞棉 (4) 金属钾、钠、锂、钙、锶、氢化锂、四氢化锂铝、氢化钠 (5) 氯酸钾、氯酸钠、过氧化钠、过氧化钾、硝酸铵 (6) 赤磷、五硫化二磷、三硫化二磷
乙类	(1) 闪点大于或等于28℃，但小于60℃的液体 (2)、(3) 同上表 (4) 不属于甲类的化学易燃危险固体 (5) 助燃气体 (6) 常温下与空气接触能缓慢氧化，积热不散，引起自燃的物品	(1) 煤油 (2) 氨气、一氧化碳 (3) 硝酸铜、铬酸、发烟硫酸、漂白粉 (4) 硫黄、镁粉、铝粉、赛璐珞板（片） (5) 氧气、氟气、液氯 (6) 漆布及其制品，油纸及其制品，油绸及其制品
丙类	(1) 闪点大于或等于60℃的液体 (2) 可燃固体	(1) 动物油、植物油、沥青、蜡、润滑油、机油、重油、闪点大于或等于60℃的柴油、糠醛、白兰地成品库 (2) 化学、人造纤维及其织物，纸张，棉、毛、丝、麻及其织物，谷物及面粉，天然橡胶及其制品，竹、木及其制品
丁类	难燃烧物品	自熄制品塑料及其制品，酚醛塑料及其制品，水泥刨花板
戊类	不燃烧物品	钢材，玻璃及其制品，搪瓷制品，不燃气体

（二）爆炸危险场所等级

爆炸危险场所的类别和等级见表 2-3。

表 2-3　爆炸危险场所的类别和等级

类别	爆炸危险区域	特征
有可燃气体或易燃液体蒸气爆炸危险的场所	0 区	连续出现或长期出现爆炸性气体混合物的环境
	1 区	在正常运行时可能出现爆炸性气体混合物的场所
	2 区	在正常运行时不太可能出现爆炸性气体混合物的环境，或即使出现也仅是短时存在的爆炸性气体混合物的环境
有可燃粉尘和可燃纤维爆炸危险的场所	20 区	空气中的可燃性粉尘云持续地或长期地或频繁地出现于爆炸性环境中的区域
	21 区	在正常运行时，空气中的可燃性粉尘云很可能偶尔出现于爆炸性环境中的区域
	22 区	在正常运行时，空气中的可燃性粉尘云一般不可能出现于爆炸性粉尘环境中的区域，即使出现，持续时间也是短暂的

（三）工业建筑的耐火等级

厂房的耐火等级、层数和占地面积见表 2-4。

表 2-4　厂房的耐火等级、层数和占地面积

生产类别	耐火等级	最多允许层数	防火分区最大允许占地面积/m²			
			单层厂房	多层厂房	高层厂房	厂房的地下室和半地下室
甲	一级	除生产必须采用多层者，宜采用单层	4 000	3 000	—	—
	二级		3 000	2 000	—	—
乙	一级	不限	5 000	4 000	2 000	—
	二级	6	4 000	3 000	1 500	—
丙	一级	不限	不限	6 000	3 000	500
	二级	不限	8 000	4 000	2 000	500
	三级	2	3 000	2 000	—	—
丁	一、二级	不限	不限	不限	4 000	1 000
	三级	3	4 000	2 000	—	—
	四级	1	1 000	—	—	—
戊	一、二级	不限	不限	不限	6 000	1 000
	三级	3	5 000	3 000	—	—
	四级	1	1 500	—	—	—

1. 防火墙

为了给扑灭火灾赢得时间，要求防火墙应由非燃烧体材料构成，其耐火极限不应低于 4h；防火墙应直接砌筑在基础上或框架结构的框架上，当防火墙一侧的屋架、梁和楼板被烧毁或受到严重破坏时，防火墙不致倒塌；防火墙内不应设置通风排气道；不应开设门、窗洞口，如必须开设时，应设置耐火极限不低于 1.2h 的防火门，并能自行关闭；可燃气体和液体管道不应

穿过防火墙，其他管道若必须穿过时，应用非燃烧材料将管道四周缝隙填塞紧密等。

2. 防火门

已采取防火分隔的相邻区域如需要互相通行时，可在中间设防火门。按燃烧性能不同有非燃烧体防火门和难燃烧体防火门；按开启方式不同有平开门、推拉门、升降门和卷帘门等。

防火门是一种活动的防火分隔物，要求防火门应能关闭紧密，不会窜入烟火；应有较高的耐火极限，甲级防火门的耐火极限不低于1.5h，乙级不低于1.0h，丙级不低于0.5h；为保证在着火时防火门能及时关闭，最好在门上设置自动关闭装置。

典型例题

化工防火防爆的根本措施之一是严格控制工艺参数，下列控制措施中，不属于控制工艺参数的是（　　）。

A. 移走反应热量

B. 选择传热介质

C. 设置紧急停车系统

D. 控制投料速度和数量

【解析】控制工艺参数的措施包括控制温度的措施和控制投料的措施。选项A、B属于控制温度的措施，选项D属于控制投料的措施。

答案：C

四、主要危险场所的防火与防爆

（一）油库

根据储存液化烃、易燃和可燃液体的火灾危险性，将储存物质分甲、乙、丙三类，按油库容量的大小分为6个等级，见表2-5。

表2-5　油库储存液化烃、易燃和可燃液体的火灾危险性分类

类别		特征或液体闪点（F_t）
甲	A	15℃时的蒸气压力大于0.1MPa的烃类液体或其他类似的液体
	B	甲$_A$类以外，$F_t<28$℃
乙	A	28℃≤$F_t<45$℃
	B	45℃≤$F_t<60$℃
丙	A	60℃≤$F_t<120$℃
	B	$F_t>120$℃

油库着火爆炸的主要原因：

(1) 油桶作业时，使用不防爆的灯具或其他明火照明。

(2) 利用钢卷尺量油、铁制工具撞击等碰撞产生火花。

(3) 进出油品方法不当或流速过快，或穿着化纤衣服等，产生静电火花。

(4) 室外飞火进入油桶或油蒸气集中的场所。

(5) 油桶破裂，或装卸违章。

(6) 维修前清理不合格而动火检修，或使用铁器工具撞击产生火花。

(7) 灌装过量或日光曝晒。

(8) 遭受雷击，或库内易燃物（油棉丝等）、油桶内沉积含硫残留物质的自燃，通风或空调器材不符合安全要求出现火花等。

(二) 电石库

1. 布设原则

(1) 电石库房的地势要高且干燥，不得布置在易被水淹的低洼地方。

(2) 严禁以地下室或半地下室作为电石库房。

(3) 电石库不应布置在人员密集区域和主要交通要道处。

(4) 企业设有乙炔站时，电石库宜布置在乙炔站的区域内。

(5) 在乙炔站内电石库，当与制气厂房相邻的较高一面的外墙为防火墙时，其防火间距可适当缩小，但不应小于 6m。

(6) 电石库与铁路、道路的防火间距不应小于下列规定：

①厂外铁路线（中心线）40m。

②厂内铁路线（中心线）30m。

③厂外道路（路边）20m。

④厂内主要道路（路边）10m。

⑤厂内次要道路（路边）5m。

电力牵引机车的厂外铁路线的防火间距可减为 20m。至电石库的装卸专用铁路线和道路的防火间距，可不受上列规定的限制。

2. 库房设置安全要求

(1) 电石库应是单层的一、二级耐火建筑。作为泄压的窗不应采用双层玻璃。电石库的门窗均应向外开启，库房应有直通室外或通过带防火门的走道通向室外的出入口。出入口应位于事故发生时能迅速疏散的地方。电石仓库内应设火灾报警和可燃气体浓度检测报警仪。

(2) 电石库房严禁铺设给水、排水、蒸汽和凝结水等管道。

(3) 电石库应设置电石桶的装卸平台。平台应高出室外地面 0.4~1.1m，宽度不宜小于 2m。库房内电石桶应放置在比地坪高 0.02m 的垫板上。

(4) 装设于库房的照明灯具、开关等电气装置，应采用防爆安全型；或者将灯具和开关装在室外，用反射方法把灯光从玻璃窗射入室内。库内严禁安装采暖设备。

3. 消防措施

(1) 电石库应备有干砂、二氧化碳灭火器或干粉灭火器等灭火器材。

(2) 电石库房的总面积不应超过 $750m^2$，并应用防火墙隔成数间，每间的面积不应超过 $250m^2$。

(三) 管道

(1) 限定气体流速。乙炔在管道中的最大流速，不应超过下列规定：

①厂区和车间的乙炔管道，工作压力为 0.007~0.15MPa 时，其最大流速为 3m/s。

②乙炔站内的乙炔管道，工作压力为 2.5MPa 及其以下者，其最大流速为 4m/s。

(2) 管径的限定及管道连接的安全要求。

①工作压力在 0.007~0.15MPa 的中压乙炔管道，管内径不应超过 30mm。

②工作压力在 0.15~2.5MPa 的高压乙炔管道，管内径不应超过 20mm。

③乙炔管道的连接应采用焊接，但与设备、阀门和附件的连接处可采用法兰或螺纹连接。

④乙炔管道在厂区的布设，应考虑到由于压力和温度的变化而产生局部应力，管道应有伸缩余地。

⑤氧气管道应尽量减少拐弯。拐弯时宜采用弯曲半径较大或内壁光滑的弯头，不应采用折皱或焊接弯头。

（3）防止静电放电的接地措施。

①乙炔和氧气管道在室内外架空或埋地铺设时，都必须可靠接地。室外管道埋地铺设时，在管线上每隔200～300m设置一接地极；架空铺设时，每隔100～200m设置一接地极；室内管道不论架空或地沟铺设（不宜采用埋地铺设），每隔30～50m设置一接地极。但不管管线的长短如何，在管道的起端和终端及管道进入建筑物的入口处，都必须设置接地极。接地装置的接地电阻不得大于10Ω。

②对离地面5m以上架空铺设的氧气和乙炔管道，为防止雷击放电产生的静电或电磁感应对管道的作用，要求缩短管道两接地极的距离，一般不超过50m。

（4）防止外部明火导入管道内部。可采用水封法（如水封回火防止器）或采用火焰消除器，以防止火焰导入管道内部和阻止火焰在管道里蔓延。

火焰消除器亦称阻火器，可用粉末冶金片或是用多层细孔铜网（也可用不锈钢网或铝网）重叠起来制成。

（5）防止在管道外围形成爆炸性气体滞留的空间。乙炔管道通过厂房车间时，应保证室内通风良好，并应定期监测乙炔气体浓度，以便及时采取措施排除爆炸性混合气。还应检查管道是否漏气，防止着火爆炸事故。

地沟铺设乙炔管道时，在沟里应填满不含杂质的砂子；埋地铺设时，应在管道下部先铺一层厚度约100mm的砂子。如沟底有坚硬石块以及考虑到局部有不均匀下沉的可能性时，砂层的厚度还应大些，然后再在管子两侧和上部填以厚度不少于20mm的砂子。填充砂子的目的是保证管道周围回填密实，没有大的缝隙。当管道一旦发生不均匀下沉时，由于砂子有一定流动性，也随之下沉，不至于在管道附近形成过大的缝隙，造成爆炸性气体聚集停留有较大的空间。

（6）管道的脱脂。氧气和乙炔管道在安装使用前都应进行脱脂。常用脱脂剂二氯乙烷和酒精为易燃液体，四氯化碳和三氯乙烯虽是不燃液体，但在明火和灼热物体存在条件下，易分解成剧毒气体——光气。故脱脂现场必须严禁烟火。

（7）气密性和泄漏性试验。氧气和乙炔管道除与一般受压管道同样要求作强度试验外，还应作气密性试验和泄漏量试验。

（8）埋地乙炔管道铺设地点相关要求。不应铺设在烟道、通风地沟和直接靠近高于50℃热表面的地方；建筑物、构筑物和露天堆场的下面。

架空乙炔管道靠近热源铺设时，宜采用隔热措施，管壁温度严禁超过70℃。

（9）乙炔管道可与供同一使用目的的氧气管道共同铺设在非燃烧体盖板的不通行地沟内，地沟内必须全部填满砂子，并严禁与其他沟道相通。

（10）乙炔管道严禁穿过生活间、办公室。厂区和车间的乙炔管道，不应穿过不使用乙炔的建筑物和房间。

（11）氧气管道严禁与燃油管道共沟铺设。架空铺设的氧气管道不宜与燃油管道共架铺设，如确需共架铺设时,氧气管道宜布置在燃油管道的上面,且净距不宜小于 0.5m。

(12) 乙炔管路使用前,应用氮气吹洗全部管道,取样化验合格后方准使用。

(四) 喷漆

安全要求主要包括:

(1) 喷漆属于甲类生产,其车间厂房应为一、二级耐火结构,不宜设在二层以上的建筑物上。贮存和调漆应在符合防火要求的专门房间内进行。地面应采用耐火且不易碰出火花的材料。

(2) 喷漆厂房与明火操作场所的距离应大于 30m。

(3) 喷漆车间和喷漆料、溶剂的贮存、调配间的各种电器应符合电气防爆规范要求。如采用无防爆灯具,可在墙外设强光灯通过玻璃照射。工作人员不得携带火柴、打火机等火种进入生产场所。

(4) 动火检修时,必须采取防火措施。例如,事先清除油漆及其沉淀物、增设灭火器材、专人监护等。还必须经相关管理部门审批同意后,才能动火。

(5) 喷漆车间应根据生产情况设置足够的通风和排风装置,将可燃气体及时迅速排出。中小型零件喷漆时,最好采用水帘过滤抽风柜。通风机必须采用专门的防爆型风机,并经常检查,防止摩擦撞击。所有电气设备应有良好接地。如果车间没有严格的保温要求,最好尽量采用自然通风。

(6) 操作时应控制喷速,空气压力应控制在 0.2~0.4MPa,喷枪与工件表面的距离宜保持在 300~500mm。

(7) 车间里的油漆和溶剂贮存量以不超过一日用量为宜。为减少挥发量,容器应加盖。

(8) 在特殊情况下,如大型机械、机车等机件庞大且又不宜搬动的喷漆操作,若确需在现场进行,而现场的电气设备又不防爆时,应将现场电源全部切断,待喷漆结束、可燃蒸气全部排除后方可通电。

(9) 在露天进行喷漆操作时,应避开焊割作业、砂轮、锻造、铸造等明火场所。

(10) 喷漆的防火还应从改进工艺和材料着手。如采用静电喷漆,材料利用率可提高到 80%~98% 以上,扩散的漆雾大大减少。又如采用电泳涂漆,以水作溶剂,消除了溶剂中毒和火灾的危险等。

五、电气防火防爆安全技术

(一) 爆炸性气体环境分类与分级

1. 爆炸性气体释放源与分级

释放源应按可燃物质的释放频繁程度和持续时间长短分为连续级释放源、一级释放源、二级释放源:

(1) 连续级释放源应为连续释放或预计长期释放的释放源。

(2) 一级释放源应为在正常运行时,预计可能周期性或偶尔释放的释放源。

(3) 二级释放源应为在正常运行时,预计不可能释放,当出现释放时,仅是偶尔和短期释放的释放源。

2. 爆炸性气体环境分区

爆炸性气体环境根据爆炸性气体混合物出现的频繁程度和持续时间分为 0 区、1 区、2 区:

(1) 0区应为连续出现或长期出现爆炸性气体混合物的环境。

(2) 1区应为在正常运行时可能出现爆炸性气体混合物的环境。

(3) 2区应为在正常运行时不太可能出现爆炸性气体混合物的环境,或即使出现也仅是短时存在的爆炸性气体混合物的环境。

(4) 爆炸危险区域的划分应按释放源级别和通风条件确定,存在连续级释放源的区域可划为0区,存在一级释放源的区域可划为1区,存在二级释放源的区域可划为2区,并应根据通风条件按下列规定调整区域划分:

①当通风良好时,可降低爆炸危险区域等级,但当通风不良时,应提高爆炸危险区域等级。

②局部机械通风在降低爆炸性气体混合物浓度方面比自然通风和一般机械通风更为有效时,可采用局部机械通风降低爆炸危险区域等级。

③在障碍物、凹坑和死角处,应局部提高爆炸危险区域等级。

④利用堤或墙等障碍物,限制比空气重的爆炸性气体混合物的扩散,可缩小爆炸危险区域的范围。

(二) 爆炸性粉尘环境分类与分级

1. 爆炸性粉尘释放源分级

粉尘释放源应按爆炸性粉尘释放频繁程度和持续时间长短分为连续级释放源、一级释放源、二级释放源:

(1) 连续级释放源应为粉尘云持续存在或预计长期或短期经常出现的部位。

(2) 一级释放源应为在正常运行时预计可能周期性的或偶尔释放的释放源。

(3) 二级释放源应为在正常运行时,预计不可能释放,如果释放也仅是不经常地并且是短期地释放。

2. 爆炸性粉尘环境危险区域分区

爆炸危险区域应根据爆炸性粉尘环境出现的频繁程度和持续时间分为20区、21区、22区:

(1) 20区应为空气中的可燃性粉尘云持续地或长期地或频繁地出现于爆炸性环境中的区域。

(2) 21区应为在正常运行时,空气中的可燃性粉尘云很可能偶尔出现于爆炸性环境中的区域。

(3) 22区应为在正常运行时,空气中的可燃粉尘云一般不可能出现于爆炸性粉尘环境中的区域,即使出现,持续时间也是短暂的。

3. 爆炸性粉尘环境中粉尘分级

在爆炸性粉尘环境中粉尘可分为下列三级:

(1) ⅢA级为可燃性飞絮。

(2) ⅢB级为非导电性粉尘。

(3) ⅢC级为导电性粉尘。

(三) 防爆电气设备

1. 防爆电气设备类型

(1) Ⅰ类电气设备。用于煤矿瓦斯气体环境。Ⅰ类防爆型式考虑了甲烷和煤粉的点燃及地下用设备的机械增强保护措施。

(2) Ⅱ类电气设备。用于爆炸性气体环境。具体分为ⅡA、ⅡB、ⅡC三类。ⅡB类的设备可适用于ⅡA类设备的使用条件，ⅡC类的设备可用于ⅡA或ⅡB类设备的使用条件。

(3) Ⅲ类电气设备。用于爆炸性粉尘环境。具体分为ⅢA、ⅢB、ⅢC三类。ⅢB类的设备可适用于ⅢA设备的使用条件，ⅢC类的设备可用于ⅢA或ⅢB类设备的使用条件。

2. 设备保护等级（EPL）

(1) 用于煤矿有甲烷的爆炸性环境中的Ⅰ类设备EPL分为Ma、Mb两级。

(2) 用于爆炸性气体环境的Ⅱ类设备的EPL分为Ga、Gb、Gc三级。

(3) 用于爆炸性粉尘环境的Ⅲ类设备的EPL分为Da、Db、Dc三级。

其中，Ma、Ga、Da级的设备具有"很高"的保护等级，Mb、Gb、Db级的设备具有"高"的保护等级，Gc、Dc级的设备具有爆炸性气体环境用设备。

3. 防爆电气设备防爆结构型式

(1) 爆炸性气体环境防爆电气设备结构型式及符号：

①隔爆型（d）。

②增安型（e）。

③本质安全型（i，对应不同的保护等级分为ia、ib、ic）。

④浇封型（m，对应不同的保护等级分为ma、mb、mc）。

⑤无火花型（nA）。

⑥火花保护（nC）。

⑦限制呼吸型（nR）。

⑧限能型（nL）。

⑨油浸型（o）。

⑩正压型（p，对应不同的保护等级分为px、py、pz）。

⑪充砂型（q）等设备。

(2) 爆炸性粉尘环境防爆电气设备结构型式及符号：

①隔爆型（t，对应不同的保护等级分为ta、tb、tc）。

②本质安全型（i，对应不同的保护等级分为ia、ib、ic）。

③浇封型（m，对应不同的保护等级分为ma、mb、me）。

④正压型（p）等设备。

4. 防爆电气设备的标志

防爆电气设备的标志应设置在设备外部主体部分的明显地方，且应设置在设备安装之后能看到的位置。标志应包含：制造商的名称或注册商标、制造商规定的型号标识、产品编号或批号、颁发防爆合格证的检验机构名称或代码、防爆合格证号、Ex标志、防爆结构型式符号、类别符号、表示温度组别的符号（对于Ⅱ类电气设备）或最高表面温度及单位℃前面加符号T（对于Ⅲ类电气设备）、设备的保护等级（EPL）、防护等级（仅对于Ⅲ类，例如IP54）。

表示Ex标志、防爆结构型式符号、类别符号、温度组别或最高表面温度、保护等级、防护等级的示例：

(1) ExdⅡBT3Gb——表示该设备为隔爆型"d",保护等级为Gb,用于ⅡB类T3组爆炸性气体环境的防爆电气设备。

(2) ExpⅢCT120℃DbIP65——表示该设备为正压型"p",保护等级为Db,用于有JDC导电性粉尘的爆炸性粉尘环境的防爆电气设备,其最高表面温度低于120℃,外壳防护等级为IP65。

(四) 防爆电气线路

1. 敷设位置

电气线路应当敷设在爆炸危险性较小或距离释放源较远的位置。

2. 敷设方式

爆炸危险环境中电气线路主要采用防爆钢管配线和电缆配线,在敷设时的最小截面、接线盒、管子连接要求等方面应满足对应爆炸危险区域的防爆技术要求。

3. 隔离密封

敷设电气线路的沟道以及保护管、电缆或钢管在穿过爆炸危险环境等级不同的区域之间的隔墙或楼板时,应采用非燃性材料严密堵塞。

4. 导线材料选择

爆炸危险环境危险等级1区的范围内,配电线路应采用铜芯导线或电缆。在有剧烈振动处应选用多股铜芯软线或多股铜芯电缆。煤矿井下不得采用铝芯电力电缆。

爆炸危险环境危险等级2区的范围内,电力线路应采用截面积4mm²及以上的铝芯导线或电缆,照明线路可采用截面积2.5mm²及以上的铝芯导线或电缆。

5. 允许载流量

1区、2区绝缘导线截面和电缆截面选择,导体允许载流量不应小于熔断器熔体额定电流和断路器长延时过电流脱扣器整定电流的1.25倍。引向低压笼型感应电动机支线的允许载流量不应小于电动机额定电流的1.25倍。

6. 电气线路的连接

1区和2区的电气线路的中间接头必须在与该危险环境相适应的防爆型的接线盒或接头盒内部。1区宜采用隔爆型接线盒,2区可采用增安型接线盒。

· 典型例题 ·

1. 爆炸危险环境的电气设备应根据使用环境的区域、电气设备的种类、防护级别和使用条件等来选择。下列关于电气设备保护级别与电气设备防爆结构关系的说法中,正确的是(   )。

A. 保护级别为Ga的电气设备,本质安全型防爆结构的防爆形式为ma

B. 保护级别为Da的电气设备,本质安全型防爆结构的防爆形式为md

C. 保护级别为GC的电气设备,本质安全型防爆结构的防爆形式为ic

D. 保护级别为Db的电气设备,本质安全型防爆结构的防爆形式为pD

【解析】本质安全型防爆电气结构型式及符号为i(ia、ib、ic)。

2. 根据《爆炸危险环境电力装置设计规范》(GB 50058—2014),下列关于危险区域与电气设备保护等级的说法中,正确的是(   )。

A. 危险区域0区,设备保护级别为Ga

B. 危险区域1区,设备保护级别为Gc

C. 危险区域20区，设备保护级别为Db

D. 危险区域21区，设备保护级别为Dc

【解析】爆炸性环境内电气设备保护级别（EPL）的选择见下表。

危险区域	设备保护级别	危险区域	设备保护级别
0区	Ga	20区	Da
1区	Ga 或 Gb	21区	Da 或 Db
2区	Ga、Gb 或 Gc	22区	Da、Db 或 Dc

答案：1. C 2. A

六、防静电与防雷安全技术

（一）静电的防护

防止静电危害，一方面要控制静电的产生，另一方面要防止静电的积累。控制静电的产生主要是控制工艺过程和控制所用材料的选择；控制静电的积累主要是设法加速静电的泄漏和中和，使静电不超过安全限度。接地、增湿、加入抗静电剂等均属于加速静电泄漏的方法；运用感应中和器、外接电源式中和器、放射线中和器等装置消除静电危害的方法均属于加速静电中和的方法。

1. 工艺控制法

（1）限制输送速度。

（2）加快静电电荷的逸散。

（3）消除产生静电的附加源。

（4）消除杂质。

（5）降低爆炸性混合物浓度。

（6）材料的选用。

在存在摩擦且容易产生静电的场合，利用静电序列表优选原料配方和使用材质，使相互摩擦或接触的两种物质在序列表中位置相近，减少静电产生。

人为地使生产物料与不同材料制成的设备发生摩擦，与一种材料制成的设备发生摩擦时物料带正电，而与另一种材料制成的设备摩擦时物料带负电，以使得物料上的静电相互抵消，从而消除静电的危害。

（7）适当安排物料的投入顺序。

2. 泄漏导走法

（1）空气增湿。

带电体在自然环境中放置，其所带有的静电荷会自行逸散。在工艺条件允许的情况下，空气增湿取相对湿度70%为合适。

（2）加抗静电添加剂。

（3）静电接地连接：最简单最基本的方法。

3. 中和电荷法

（1）静电消除器：感应式、外接电源式、放射线式和离子流式等。

(2) 封闭削尖法。

(3) 人体防静电。

(二) 建筑物的防雷分类

1. 第一类防雷建筑物

在可能发生对地闪击的地区，遇下列情况之一时，应划为第一类防雷建筑物：

(1) 凡制造、使用或贮存火炸药及其制品的危险建筑物，因电火花而引起的爆炸、爆轰，会造成巨大破坏和人身伤亡者。

(2) 具有 0 区或 20 区爆炸危险场所的建筑物。

(3) 具有 1 区或 21 区爆炸危险场所的建筑物。电火花引起的爆炸，会造成巨大破坏和人身伤亡者。

2. 第二类防雷建筑物

在可能发生对地闪击的地区，遇下列情况之一时，应划为第二类防雷建筑物：

(1) 国家级重点文物保护的建筑物。

(2) 国家级的会堂、办公建筑物、大型展览和博览建筑物、大型火车站和飞机场、国宾馆、国家级档案馆、大型城市的重要给水泵房等特别重要的建筑物。

(3) 国家级计算中心、国际通信枢纽等对国民经济有重要意义的建筑物。

(4) 国家特级和甲级大型体育馆。

(5) 制造、使用或贮存火炸药及其制品的危险建筑物，且电火花不易引起爆炸或不致造成巨大破坏和人身伤亡者。

(6) 具有 1 区或 21 区爆炸危险场所的建筑物，且电火花不易引起爆炸或不致造成巨大破坏和人身伤亡者。

(7) 具有 2 区或 22 区爆炸危险场所的建筑物。

(8) 有爆炸危险的露天钢质封闭气罐。

(9) 预计雷击次数大于 0.05 次/年的部、省级办公建筑物和其他重要或人员密集的公共建筑物以及火灾危险场所。

(10) 预计雷击次数大于 0.25 次/年的住宅、办公楼等一般性民用建筑物或一般性工业建筑物。

3. 第三类防雷建筑物

在可能发生对地闪击的地区，遇下列情况之一时，应划为第三类防雷建筑物。

(1) 省级重点文物保护的建筑物及省级档案馆。

(2) 预计雷击次数大于或等于 0.01 次/年，且小于或等于 0.05 次/年部、省级办公建筑物和其他重要或人员密集的公共建筑物，以及火灾危险场所。

(3) 预计雷击次数大于或等于 0.05 次/年，且小于或等于 0.25 次/年的住宅、办公楼等一般性民用建筑物或一般性工业建筑物。

(4) 在平均雷暴日大于 15 天/年的地区，高度在 15m 及以上的烟囱、水塔等孤立的高耸建筑物；在平均雷暴日小于或等于 15 天/年的地区，高度在 20m 及以上的烟囱、水塔等孤立的高耸建筑物。

七、化工消防技术

(一) 火灾分类

(1) A类火灾：固体物质火灾。这种物质通常具有有机物性质，一般在燃烧时能产生灼热的余烬。如木材、棉、毛、麻、纸张及其制品等燃烧的火灾。

(2) B类火灾：液体或可熔化的固体物质火灾。如汽油、煤油、柴油、原油、甲醇、乙醇、沥青、石蜡等燃烧的火灾。

(3) C类火灾：气体火灾。如煤气、天然气、甲烷、乙烷、丙烷、氢气等燃烧的火灾。

(4) D类火灾：金属火灾。如钾、钠、镁、钛、锆、锂、铝镁合金等燃烧的火灾。

(5) E类火灾：带电火灾。物体带电燃烧的火灾。

(6) F类火灾：烹饪器具内的烹饪物（如动植物油脂）火灾。

(二) 灭火剂

1. 水灭火剂

不能够用水扑救的火灾：

(1) 一般情况下不能够用水扑救带电物体火灾。

(2) 不能用水扑救遇水易燃品和金属（铜粉、铝粉、镁粉、锌粉等）火灾。

(3) 不能用水扑救高温物体火灾。

(4) 不能用直流水扑救浓硫酸、浓硝酸和盐酸火灾和可燃粉尘（如面粉、煤粉、糖粉）聚集处的火灾。

(5) 贵重设备、精密仪器、图书、档案火灾和遇水可风化的物品火灾不能用水扑救，因为易引起水渍损失，损坏设备。

(6) 非水溶性可燃液体的火灾，原则上不能用水扑救，但原油、重油可以用雾状水流扑救。

2. 泡沫灭火剂

(1) 抗溶性泡沫灭火剂主要应用于扑救乙醇、甲醇、丙酮、醋酸乙酯等一般水溶性可燃液体的火灾。

(2) 高倍数泡沫灭火剂主要适用于非水溶性可燃液体火灾和一般固体物质火灾，不能用于扑救油罐火灾。

3. 干粉灭火剂

干粉灭火剂适用于扑救可燃液体、气体和电气设备的火灾，也可与氟蛋白泡沫和轻水泡沫联用扑救大面积油类火灾，不适于扑救木材、轻金属和碱金属火灾，且因其灭火后留有残渣，也不能扑救精密仪器设备火灾。

4. 惰性气体灭火剂

(1) 惰性混合气体灭火剂灭火后能很快散逸，不留痕迹。它适用于扑救各种可燃液体和用水、泡沫、干粉等灭火剂灭火时，容易受到污损的固体物质火灾，如电气、精密仪器、贵重设备、图书档案等。还可扑救600V以下的各种电气设备火灾。

(2) 惰性混合气体灭火剂不能扑救钠、钾、铝、锂等碱金属和碱土金属及其氢化物火灾，不能扑救在惰性介质中能自身供氧燃烧物质的火灾（如硝酸纤维）。

5. 气溶胶灭火剂

不受方向的限制绕过障碍物达到保护空间的任何角落，并能在着火空间有较长的驻留时间，从而实现全淹没灭火。无需耐压容器，灭火效率较干粉灭火剂更高，用于封闭空间，也可用于开放的空间。

6. 卤代烷灭火剂

氟化酮灭火剂能灭 A、B、C 类火灾，灭火效率高，灭火浓度低，不导电，易挥发，不留痕迹残渣，灭火液与金属、橡胶等材料有较好的相溶性，对各种材料的使用影响较小，对装备和物品无任何损害，是真正的清洁灭火剂。

（三）火灾报警系统

1. 火灾报警系统的组件

火灾自动报警系统一般由触发器件、火灾报警装置、火灾警报装置和电源组成，复杂的系统还包括消防控制设备。

2. 探测器的分类与选择

（1）火灾探测器的分类。

火灾探测器分为点型火灾探测器、线型火灾探测器和可燃气体探测器。

①点型火灾探测器是一种响应某一点周围的火灾参数的火灾探测器。点型火灾探测器主要有感烟探测器（离子感烟探测器、光电感烟探测器）、感温探测器（定温探测器、差温探测器）和火焰探测器。

②线型火灾探测器是一种响应某一连续线路周围的火灾参数的火灾探测器。线型火灾探测器有红外光束线型感烟火灾探测器、缆式感温火灾探测器和空气管差温火灾探测器。

③可燃气体火灾探测器是根据气体在空气中的含量，当空气中的可燃气体含量超过一定数值时进行报警的火灾探测器。目前常用的有催化型可燃气体火灾探测器和半导体型可燃气体探测器。

（2）火灾不同阶段火灾探测器的选择。

①对火灾初期有阴燃阶段，产生大量的烟和少量的热，很少或没有火焰辐射的场所，应选择感烟探测器。

②对火灾发展迅速，可产生大量热、烟和火焰辐射的场所，可选择感温探测器、感烟探测器、火焰探测器或其组合。

③对火灾发展迅速，有强烈的火焰辐射和少量的烟、热的场所，应选择火焰探测器。

④对火灾形成特征不可预料的场所，可根据模拟试验的结果选择探测器。

⑤对使用、生产或聚集可燃气体或可燃液体蒸气的场所，应选择可燃气体探测器。

第四节　化工企业用电安全

一、临时用电

（1）手持电动工具，应采用Ⅱ类、Ⅲ类绝缘的手持电动工具。

（2）使用行灯和低压照明灯具，其电源不应超过 36V，行灯灯体与手柄应坚固、绝缘良好，电源线应使用橡套电缆线，不得使用塑绞线。

（3）现场使用移动式碘钨灯照明，必须采用密闭式防雨灯具。

(4) 建立临时用电安全技术档案。

(5) 双路供电：一个负载有两个电源供电，两个电源之间可以切换，在其中一个电源失电的情况下可以投切到另一个电源供电。

二、电气安全的技术措施

(1) 绝缘。即用绝缘材料防止触及带电体。
(2) 屏蔽。即用屏障或围栏防止触及带电体。
(3) 障碍。即设置障碍防止无意触及或接近带电体。
(4) 间隔。即保持间隔以防止无意触及带电体。
(5) 安全电压。即根据场所特点，采用相应等级的安全电压。
(6) 自动断开电源。根据电网运行方式和安全需要，采用可靠的自动化元件和连接方法，使发生故障时能在规定时间内自动断开电源。

三、防止个体触电的措施

(1) 提高电气设备完好率。
(2) 采用漏电保护装置。
(3) 绝缘。
(4) 安全电压。
(5) 采用屏护。
(6) 保证安全间距。
(7) 保证安全载流量。
(8) 接地与接零。
(9) 正确使用安全用具。
(10) 建立健全电气安全制度。主要电气安全制度有工作票制度、工作监护制度、停电安全技术措施、低压带电检修等。

同步强化训练

单项选择题

1. 按照《特种设备安全监察条例》中关于特种设备的定义，特种设备应包括锅炉、压力容器、压力管道等类设备。下列设备中，不属于特种设备的是（   ）。
   A. 旅游景区观光车辆
   B. 建筑工地升降机
   C. 场（厂）内专用机动车辆
   D. 浮顶式原油储罐

2. 起重机械是额定起重量大于或者等于3t，且提升高度大于或者等于（   ）的起重机和承重形式固定的电动葫芦等。
   A. 0.5m　　　　　　B. 1m　　　　　　C. 1.5m　　　　　　D. 2m

3. 石油系的烃类原料在高温条件下，发生碳链断裂或脱氢反应，生成烯烃及其他产物的过程属于（   ）。
   A. 电解工艺　　　　　　　　　　　B. 氯化工艺
   C. 裂解工艺　　　　　　　　　　　D. 加氢工艺

4. 某化工公司粗苯产品装车采用压缩气体压送。压缩气源应选用（　　）。
   A. 氮气　　　　　　　　　　　　B. 氧气
   C. 氨气　　　　　　　　　　　　D. 空气

5. 氧化反应中的强氧化剂具有很大的危险性，在受到高温、撞击、摩擦或与有机物、酸类接触，易引起燃烧或者爆炸。下列物质中，属于氧化反应中的强氧化剂的是（　　）。
   A. 甲苯　　　　B. 氯酸钾　　　　C. 乙烯　　　　D. 甲烷

6. 在常压下20℃时，氨气的爆炸极限为（　　）。
   A. 8%～15%　　　　　　　　　　B. 12%～25%
   C. 15%～27%　　　　　　　　　　D. 15%～22%

7. 当氯气中含氢量达到（　　）以上，随时可能在光照或受热情况下发生爆炸。
   A. 5%　　　　B. 8%　　　　C. 10%　　　　D. 12%

8. 在特种设备的检验检测中，对分级而言，特种设备点检分为三级点检，下列不属于三级点检内容的是（　　）。
   A. 岗位巡检人员每班巡检　　　　　　B. 分厂管理人员每周点检
   C. 公司管理人员每月点检　　　　　　D. 公司管理人员每季度点检

9. 若聚合工艺反应过程中热量不能及时移出，随着温度上升可能发生裂解和暴聚，严重时会引发爆炸。下列聚合工艺安全控制的要求中，正确的是（　　）。
   A. 反应釜压力升高时联锁紧急切断进料
   B. 反应釜附近应设置可燃和有毒气体检测报警装置
   C. 反应釜搅拌系统无须设置转速联锁系统
   D. 反应釜有正常冷却系统时可不设置紧急冷却系统

>>> 参考答案及解析 <<<

单项选择题

1. **【答案】** D

   【解析】《特种设备安全监察条例》规定，特种设备是指涉及生命安全、危险性较大的锅炉、压力容器（含气瓶）、压力管道、电梯、起重机械、客运索道、大型游乐设施和场（厂）内专用机动车辆。

2. **【答案】** D

   【解析】起重机械是指用于垂直升降或者垂直升降并水平移动重物的机电设备，其范围规定为额定起重量大于或者等于0.5t的升降机；额定起重量大于或者等于3t，且提升高度大于或者等于2m的起重机。

3. **【答案】** C

   【解析】（1）电解工艺：电流通过电解质溶液或熔融电解质时，在两个电极上所引起的化学变化称为电解反应。

   （2）氯化工艺：氯化是在化合物分子中引入氯原子的反应，包含氯化反应的工艺过程为氯化工艺。

   （3）裂解工艺：裂解是指石油系的烃类原料在高温条件下，发生碳链断裂或脱氢反应，生成烯烃及其他产物的过程。

(4) 加氢工艺：加氢是在有机化合物分子中加入氢原子的反应，涉及加氢反应的工艺过程为加氢工艺。

4. 【答案】A

【解析】对易燃液体，不可采用压缩空气压送，因为空气与易燃液体蒸气混合，可形成爆炸性混合物，且有产生静电的可能。对于闪点很低的可燃液体，应用氮气或二氧化碳等惰性气体压送。闪点较高及沸点在130℃以上的可燃液体，如有良好的接地装置，可用空气压送。

5. 【答案】B

【解析】高锰酸钾、氯酸钾、硝酸等都属于强氧化剂。

6. 【答案】C

【解析】在常压下20℃时，氨气的爆炸极限为15%～27%。

7. 【答案】A

【解析】电解食盐水过程中产生的氢气是极易燃烧的气体，氯气是氧化性很强的剧毒气体，两种气体混合极易发生爆炸，当氯气中含氢量达到5%以上，随时可能在光照或受热情况下发生爆炸。

8. 【答案】D

【解析】对分级而言，特种设备点检分为三级点检：

(1) 岗位巡检人员每班巡检，依照点检项目对设备进行巡检，巡回检查发现的问题要及时处理，并将检查结果记入特种设备安全技术档案；对无法处理的问题要以书面形式逐级上报，并做好相关的记录和标示，交班时要将问题交接清楚。

(2) 分厂管理人员每周点检，点检内容按照点检项目要求进行，并要经常询问岗位人员对特种设备巡回检查情况，并对岗位巡检记录抽查，以保证岗位巡回检查制度的实施。

(3) 公司管理人员每月点检，点检内容按照点检项目要求进行，并对分厂点检和岗位点检进行抽查。

9. 【答案】B

【解析】聚合反应安全控制的基本要求有：

(1) 反应釜温度和压力的报警和联锁。

(2) 紧急冷却系统。

(3) 紧急切断系统。

(4) 紧急加入反应终止剂系统。

(5) 搅拌的稳定控制和联锁系统。

(6) 料仓静电消除、可燃气体置换系统，可燃和有毒气体检测报警装置。

(7) 高压聚合反应釜设有防爆墙和泄爆面等。

第三章
化工建设项目安全技术

运用化工安全相关技术和标准，掌握化工建设项目安全知识，为项目"三同时"的实施提供安全技术支持；掌握化工建设项目安全设计的基本知识，并对建设项目的设计方案进行审查，就项目的本质安全提出改进或完善的建议；掌握危险与可操作性分析（HAZOP）、保护层分析（LOPA）等风险辨识和评价方法在项目建设过程中的应用，分析化工建设项目的安全风险；制定并实施化工建设项目施工安全技术措施。

第一节　化工建设项目安全设计技术

一、化工厂安全选址

化工厂选址要求：

(1) 厂址用地宜选用荒地、劣地，不得占用基本农田；位于沿海地区的厂址用地可充分利用已规划的填海区域。

(2) 厂址应远离大中型城市城区、社会公共福利设施和居民区等环境敏感地区，并宜位于相邻环境敏感地区的常年最小频率风向的上风侧。

(3) 厂址应优先选择具有良好生产协作条件和生活依托条件的地区。

(4) 厂址应优先选择具有良好地形、地质、水文、气象等条件的地区，宜避开自然地形条件复杂、场地自然坡度大的地区或地段。

(5) 厂址不应选择在受洪水、潮水或内涝威胁的地带，当不可避免时应采取可靠的防洪、排涝措施。

(6) 厂址应选择废气扩散、废水排放和废渣堆放对周边环境影响较小的地区。

(7) 厂址选择应避免造成大量居民区拆迁，确有需要时应进行充分论证。

(8) 厂址所在地区应具有可靠的水源和电源。

(9) 厂址宜选择原料输送便捷、市场需求量大、消费能力强的地区，并宜符合下列规定：当以原油为原料时，宜依托有原油储备库、大型油品码头或输油管网的地区；当以煤炭为原料、燃料时，宜靠近原煤开采或运输方便的地区。

(10) 厂址宜选择有利于与周边环境的协调发展，宜选择性质相近或有协作关系的企业作为相邻企业。

(11) 厂址选择应符合工厂远期发展规划的要求。

(12) 改扩建工程应优先在现有厂区内挖潜改造，充分利用闲置的场地和设施，整合土地资源。当需要另外选址征地时，应妥善处理新、老厂区之间的关系，充分利用和依托原有设施，避免重复建设。

(13) 厂址选择应同时落实水源地、排污口、废渣填埋场、道路、铁路、码头及其他厂外相关配套设施的用地。

(14) 下列地段和地区不得选为厂址：①发震断层和抗震设防烈度为9度及以上的地区。②生活饮用水源保护区；国家划定的森林、农业保护及发展规划区；自然保护区、风景名胜区和历史文物古迹保护区。③山体崩塌、滑坡、泥石流、流沙、地面严重沉降或塌陷等地质灾害易发区和重点防治区；采矿塌落、错动区的地表界限内。④蓄滞洪区、坝或堤决溃后可能淹没的地区。⑤危及机场净空保护区的区域。⑥具有开采价值的矿藏区或矿产资源储备区。⑦水资源匮乏的地区。⑧严重的自重湿陷性黄土地段、厚度大的新近堆积黄土地段和高压缩性的饱和黄土地段等工程地质条件恶劣地段。⑨山区或丘陵地区的窝风地带。

· 典型例题 ·

化工厂布局对工厂安全运行至关重要，下列关于化工厂布局的说法，正确的是（　　）。

A. 易燃物质生产装置应在主要人口居住区的下风侧

B. 应位于城镇居民集中区的夏季最小风频风向的下风侧

C. 锅炉应设置在易燃液体设备的下风区域

D. 可能散发有毒气体的设备应布置在全年主导风向的上风向

【解析】选项B错误，应位于城镇居民集中区的夏季最小风频风向的上风侧。选项C错误，锅炉设备和配电设备可能会成为引火源，应设置在易燃液体设备的上风区域。选项D错误，在化工厂内，可能散发有毒气体的设备应布置在全年主导风向的下风向。

答案：A

二、化工厂布局安全

（一）工艺装置区

（1）工艺装置区是一个易燃易爆、有毒的特殊危险的地区，为了尽量减少其对工厂外部的影响，一般布置在厂区的中央部分。

（2）工艺装置区适宜布置在人员集中场所及明火或散发火花地点的全年最小频率风向的上风侧。

（3）空气分离装置应布置在空气清洁地段并位于散发乙炔、其他烃类气体、粉尘等场所的全年最小频率风向的下风侧。

（二）原料及成品储存区

储存甲、乙类物品的库房、罐区、液化烃储罐宜归类分区布置在厂区边缘地带。

根据《建筑设计防火规范》（GB 50016—2014 [2018年版]）表3.1.1生产的火灾危险性分类。

甲类：

（1）闪点小于28℃的液体。（如：丙醇、乙醇）

（2）爆炸下限小于10%的气体。（如：甲烷、丁烷）

（3）常温下能自行分解或在空气中氧化能导致迅速自燃或爆炸的物质。（如：硝化棉、黄磷）

（4）常温下受到水或空气中水蒸气的作用，能产生可燃气体并引起燃烧或爆炸的物质。（如：金属钠、金属钾）

（5）遇酸、受热、撞击、摩擦、催化以及遇有机物或硫磺等易燃的无机物，极易引起燃烧或爆炸的强氧化剂。（如：氯酸钾、氯酸钠）

（6）受撞击、摩擦或与氧化剂、有机物接触时能引起燃烧或爆炸的物质。（如：五硫化磷、三硫化磷）

（三）公用工程及辅助生产区

（1）公用设施区应该远离工艺装置区、罐区和其他危险区，以便遇到紧急情况时仍能保证水、电、汽等的正常供应。

（2）锅炉设备、总配变电所和维修车间等，因有成为引火源的危险，所以要设置在处理可燃流体设备的上风向。

（3）全厂性污水处理场及高架火炬等设施，宜布置在人员集中场所及明火或散发火花地点的全年最小风频风向的上风侧。

（4）采用架空电力线路进出厂区的总变配电所，应布置在厂区边缘，并位于全年最小风频风向的下风向。

（5）辅助生产设施的循环冷却水塔（池）不宜布置在变配电所、露天生产装置和铁路冬季主导风向的上风侧和受水雾影响设施全年主导风向的上风侧。

> **典型例题**

石油天然气厂站总平面布置，应充分考虑生产工艺特点、火灾危险性等级、地形、风向等因素。下列关于石油天然气厂站布置的叙述中，正确的是（　　）。

A．锅炉房、加热炉等有明火或散发火花的设备，宜布置在厂站或油气生产区边缘
B．可能散发可燃气体的场所和设施，宜布置在人员集中场所及明火或可能散发火花地点的全年最小频率风向的下风侧
C．甲、乙类液体储罐，宜布置在站场地势较高处
D．在山区设输油站时，为防止可燃物扩散，宜选择窝风地段

【解析】选项B错误，可能散发可燃气体的场所和设施，宜布置在人员集中场所及明火或散发火花地点的全年最小频率风向的上风侧。选项C错误，甲、乙类液体储罐，宜布置在站场地势较低处，当受条件限制或有特殊工艺要求时，可布置在地势较高处，但应采取有效的防止液体流散的措施。选项D错误，在山区，应避开山洪及泥石流对站场造成威胁的地段，应避开窝风地段。

答案：A

第二节　危险与可操作性分析和保护层分析

一、危险与可操作性分析

（一）概念与定义

危险与可操作性分析（hazard and operability analysis，HAZOP）是按照科学的程序和方法，从系统的角度出发对工程项目或生产装置中潜在的危险进行预先的识别、分析和评价，识别出生产装置设计及操作和维修程序，并提出改进意见和建议，以提高装置工艺过程的安全性和可操作性，为制定基本防灾措施和应急预案进行决策提供依据，如图3-1所示。

HAZOP的主要目的是对装置的安全性和操作性进行设计审查。HAZOP由生产管理、工艺、安全、设备、电气、仪表、环保、经济等工种的专家进行共同研究，这种分析方法包括辨识潜在的偏离设计目的的偏差、分析其可能的原因并评估相应的后果。它采用标准引导词，结合相关工艺参数等，按流程进行系统分析，并分析正常/非正常时可能出现的问题、产生的原因、可能导致的后果及应采取的措施。

HAZOP有如下特点：首先是确立了系统安全的观点，而不是单个设备安全的观点；其次是系统性、完善性好，有利于发现各种可能的潜在危险；再次是结构性好，易于掌握。

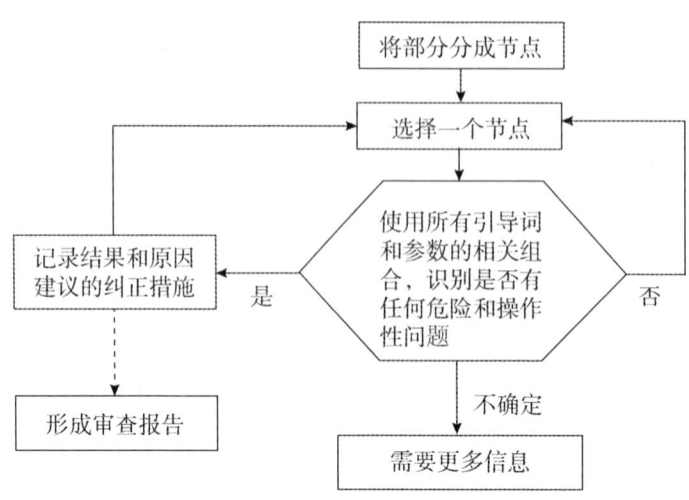

图 3-1 HAZOP 流程

· 典型例题 ·

下列属于 HAZOP 特点的有（　　）。
A. 具有系统安全的观点
B. 系统性、完善性好
C. 具有单个设备安全的观点
D. 结构性好
E. 易于掌握

【解析】HAZOP 的特点：首先是确立了系统安全的观点，而不是单个设备安全的观点；其次是系统性、完善性好，有利于发现各种可能的潜在危险；再次是结构性好，易于掌握。

答案：ABDE

（二）HAZOP 的应用

HAZOP 是一种结构化的危险分析工具，最适用于在详细设计阶段后期对操作设施进行检查或者在现有设施做出变更时进行分析。以下详细介绍系统生命周期不同阶段 HAZOP 和其他分析方法的应用。

（1）概念和定义阶段：在系统生命周期的这一阶段，将确定设计概念和系统主要部分，但开展 HAZOP 所需的详细设计和文档并未形成。然而，有必要在此阶段识别出主要危害，以便在设计过程中加以考虑，并有利于随后进行的 HAZOP。为开展上述研究，应使用其他一些基本方法。（关于这些方法的描述，见 IEC 60300-3-9）

（2）设计和开发阶段：在系统生命周期的这一阶段，形成详细设计，并确定操作方法，编制完成设计文档。设计趋于成熟，基本固定。开展 HAZOP 的最佳时机恰好是在设计固定不变之前。在此阶段，设计足够详细，便于通过 HAZOP 问询方式得到有意义的答案。建立一个系统用于评估 HAZOP 完成后的任何变更非常重要，该系统应该在系统整个生命周期都起作用。

（3）制造和安装阶段：如果系统试运行和操作有危险，或正确的操作步骤和说明至关重要，或后期阶段出现设计目的的较大变动时，建议在系统开始前进行一次 HAZOP。此时，试运行和操作说明等数据资料应可用。此外，该分析还应重新检查早期分析时发现的所有问题，以确保它们得到解决。

（4）操作和保养阶段：对于那些影响系统安全、可操作性或影响环境的变更，应考虑变更前进行 HAZOP。此外，应对系统进行定期检查，消除日常细微改动带来的影响。在进行

HAZOP 时，应确保在分析中使用最新的设计文档和操作说明。

（5）停止使用和报废阶段：在本阶段可能发生正常运行阶段不会出现的危险，所以本阶段可能需要进行危险分析。如果存在以前的分析记录，则可以迅速完成本阶段的分析。因此在系统整个生命周期都应保存好分析记录，以确保能迅速处理停用或报废阶段出现的问题。

二、保护层分析

（一）概念与定义

保护层分析（layers of protection analysis，LOPA）是半定量的工艺危害分析方法之一，用于确定发现的危险场景的危险程度，定量计算危害发生的概率、已有保护层的保护能力及失效概率，如果发现保护措施不足，可以推算出需要的保护措施的等级。

LOPA 是由事件树分析发展而来的一种风险分析技术，作为辨识和评估风险的半定量工具，是沟通定性分析和定量分析的重要桥梁与纽带。LOPA 耗费的时间比定量分析少，能够集中研究后果严重或高频率事件，善于识别、揭示事故场景的始发事件及深层次原因，集中了定性和定量分析的优点，易于理解，便于操作，客观性强，用于较复杂事故场景效果甚佳。所以，在工业实践中，一般在定性的危害分析，如 HAZOP、检查表等，完成之后，对得到的结果中过于复杂的、过于危险的及提出了 SIS 要求的部分进行 LOPA，如果结果仍不足以支持最终的决策，则会进一步考虑如 QRA 等定量分析方法。

（二）LOPA 的用途

保护层是一类安全保护措施，它能有效阻止始发事件演变为事故的设备、系统或者动作。兼具独立性、有效性和可审计性的保护层称为独立保护层（independent protection layer，IPL），它既独立于始发事件，也独立于其他独立保护层。正确识别和选取独立保护层是完成 LOPA 的重点内容之一。典型化工装置的独立保护层呈"洋葱"形分布，从内到外一般设计为：过程设计、基本过程控制系统、警报与人员干预、安全仪表系统、物理防护、释放后物理防护、工厂紧急响应及社区应急响应等。

（三）LOPA 应用的局限性

（1）LOPA 不是识别危险场景的工具，LOPA 的正确执行取决于定性危险评价方法所得出的危险场景的高准确性，包括初始事件和相关安全措施的正确和全面。

（2）当使用 LOPA 时，只有满足如下条件，才能进行场景风险的对比：选择失效数据的方法相同，采用相同的风险标准。

（3）LOPA 是一种简化的方法，其计算结果并不是场景风险的精确值。

第三节 化工建设安全风险与施工安全

一．化工项目如何进行安全管理

（一）施工之前充分准备

首先，应对施工现场有充分的了解，尤其是施工处的地形、地貌、周边环境等，将一切可能发生、影响施工过程的因素考虑到位，同时做好相应的防护措施。其次，由于化工工程的特殊性，前期工程准备过程中，必须对所需要用到的一切设备有详细的了解。同时做好技术培训和技术交流，发现问题及时解决。再次，建立相应的监督管理部门，严格按照施工管理标准施工，安全生产，降低事故发生率。

（二）施工过程严格把关

要对施工方进行严格考核，建立承包责任人制度，将责任明确到人，建立切实有效的监管体制，文明施工，打造安全和谐的施工氛围。对化工工程中出现的危险因素要严格控制，预防为主，提高预见力。项目建设的整个过程中必须不断加强施工人员的安全意识，根据项目实际特点，进行安全教育，提高全体工作人员的安全防范能力。严格执行安全管理细则，将防火、防爆、防污染放在首位，对于特殊项目，必须有相关的技术人员进行管理，杜绝一切安全隐患的发生，增强监管人员的责任心与执行力，避免拖延工作给工程造成损失。

（三）技术探索与落实

化工工程技术水平要求高，而掌握这些先进技术的人员并不多，这给施工带来了一定的影响。在实际施工过程中，必须对技术进行摸底，彻底掌握核心技术，同时做好技术的保密工作。项目负责人应根据化工项目的实际情况，委派专门人员进行技术学习和探索，确保技术掌握及时，能够将各项技术措施落实到位。如何将技术落实到位，同时不泄露核心技术，这也是化工工程安全管理的一部分。化工项目的核心技术直接影响这个化工项目的开展，因此，加大技术的保护工作，同时对技术进行探索，不断创新，也是促进化工工业发展的关键。

二、化工建设项目施工

（一）提高安全意识，将安全工作贯穿于工程全过程

在工作中要树立"一切事故都可以预防"的安全理念和"安全源于设计，安全源于质量，安全源于风险"的思想，协调好投资、进度、安全的关系，以合理的工期保证工程的安全进行，避免为了赶工期发生安全事故。

（二）加强施工现场的安全管理

第一，要建立承包方、施工方和监理方三位一体的安全检查管理体系，加强过程安全监督，遏制"三违"现象，营造和谐安全、文明施工的安全氛围。第二，围绕"人、机、料、法、环"五要素，对工程动态施工作业现场危险因素提高预见力，落实相应的控制措施。第三，加强项目中交到投料开车前生产准备期间的安全监管。结合石化项目工程特点，加强施工人员安全教育，提高安全防范能力。严格执行各项票证制度，落实防火、防爆、防毒、防窒息等安全保护措施，确保安全生产。第四，在特殊工作条件下，要确保各级HSE监督人员在现场监督。

（三）加强分包单位和检查维修单位的管理

第一，要完善分包商资质审查和审核，建立分包商业绩和违章等信用记录，开展分包商业绩评估，建立分包商市场准入和清退机制。第二，发包方与承包方要认真贯彻各项安全管理规定，签订安全协议，明确发包方与承包方在安全生产方面的权利义务。

三、化工施工安全管理过程的具体措施

（一）严格按照国家制定的法律法规执行工作内容

国家订立的各项法律法规和行业工作一般标准是化工工程建设过程中需要依靠的最基本的工作内容，国家的法律法规及行业工作标准是企业工程施工建设过程中的全部工作内容，如果是从施工过程开始就依照相关的法规进行管理，那么能够让工程在一开始就朝着正规化发展，防止出现各种安全隐患，以及各种不安全的工作内容。在每个工作阶段中都依照法律法规及行

业的工作准则进行施工建设，能够在实际工作中面对出现的问题有标准可参照，并且在出现安全问题后，也能够凭此追究各种责任，进而有效地加强化工工程建设过程中的管理任务，同时也为安全管理提供一个公平的标准和依据。

（二）使用各种激励方式强化工作人员进行管理

组织建设化工工程的施工过程中的管理建设体系，施工单位需要尽量多下放一些权利给下属单位，并且这些权利需要是可执行的，不能够光是一个好听的名号而已。另外，在工作过程中需要做到奖惩结合，单纯地借助惩罚及思想工作是远远不够的。在实际工作过程中，需要将各种待遇、权利及实际工作要求相结合，从而形成一个系统性的效益方案。在实际施工建设过程中，可以将福利待遇当成是安全管理中的一个重要组成部分。举个例子，对一些将安全管理实施准确有效的工作部门发放一定的奖金及旅游名额等福利待遇，进而形成一种良性的企业文化，将工作中人员管理不易的问题做出良好的解决和弥补。

（三）强化资金投入，完善各种设备组成

化工工程在进行各种方案编制的过程中，需要遵循的一般原则是编制各种有针对性的安全方案，在实际实施过程中安全管理的力度不能够忽视。举个例子，在临时布置过程中需要将临时用电的布置当成是工作的重点内容，这是因为化工项目在施工过程中会用到大量的电力资源，因此，在临时用电布置过程中需要严格地依照相关文件进行现场布置。与此同时，在不断进行基础设施更新完善的过程中，要尽量保证各种配备型号的统一、设备建设的完善，另外在施工建设的过程中需要以实际工作为基准，将一些工作技巧传授给工作人员，使其能够更好地理解和使用，同时要求每一位工作人员都严格地遵守各项安全管理条例，确切地了解各项安全设备使用知识，确保各种设施能够在安全环境下被使用。

同步强化训练

一、单项选择题

1. 下列属于半定量的工艺危害分析方法的是（   ）。
   A. 安全检查表法
   B. 保护层分析
   C. 专家现场询问观察法
   D. 因素图分析法

2. 典型化工装置的独立保护层呈"洋葱"形分布，下列选项中属于从内到外一般设计要求的是（   ）。
   A. 过程设计—基本过程控制系统—警报与人员干预—安全仪表系统—物理防护—释放后物理防护—工厂紧急响应及社区应急响应等
   B. 基本过程控制系统—安全仪表系统—过程设计—警报与人员干预—物理防护—释放后物理防护—工厂紧急响应及社区应急响应等
   C. 安全仪表系统—基本过程控制系统—过程设计—警报与人员干预—物理防护—释放后物理防护—工厂紧急响应及社区应急响应等
   D. 过程设计—基本过程控制系统—释放后物理防护—安全仪表系统—物理防护 警报与人员干预—工厂紧急响应及社区应急响应等

二、多项选择题

化工现场的安全管理工作中，施工之前要做充分的准备，其中属于施工前的准备工作的有（　　）。

A. 了解施工处的地形、地貌、周边环境
B. 考虑影响施工过程的因素
C. 了解现场的设备情况
D. 施工过程严格把关
E. 做好技术培训和技术交流工作

>>> **参考答案及解析** <<<

一、单项选择题

1. 【答案】B

   【解析】保护层分析（LOPA）是半定量的工艺危害分析方法之一，用于确定发现的危险场景的危险程度，定量计算危害发生的概率和已有保护层的保护能力及失效概率，如果发现保护措施不足，可以推算出需要的保护措施的等级。

2. 【答案】A

   【解析】典型化工装置的独立保护层呈"洋葱"形分布，从内到外一般设计为：过程设计、基本过程控制系统、警报与人员干预、安全仪表系统、物理防护、释放后物理防护、工厂紧急响应及社区应急响应等。

二、多项选择题

【答案】ABCE

【解析】施工前准备：首先，对施工现场有充分的了解，尤其是施工处的地形、地貌、周边环境等，将一切可能发生、影响施工过程的因素考虑到位，同时做好相应的防护措施。其次，由于化工工程的特殊性，前期工程准备过程中，必须对所需要用到的一切设备有详细了解。同时做好技术培训和技术交流，发现问题及时解决。再次，建立相应的监督管理部门，严格按照施工管理标准施工，安全生产，降低事故发生率。

第四章
特殊作业安全技术

运用化工安全相关技术和标准,掌握特殊作业环节风险分析方法,辨识特殊作业环节安全风险,制定并实施安全技术措施;掌握特殊作业环节安全监督管理技能,从风险分析、作业方案编制、作业人员资质、作业机具可靠性、作业人员个体防护装备、气体分析、作业过程监护、作业过程应急处置、作业许可签发等方面,指导有关人员落实特殊作业安全要求。

第一节　特殊作业危险有害因素辨识

一、特殊作业的定义

特殊作业是指化学品生产单位设备检修过程中可能涉及的动火、受限空间、盲板抽堵、高处作业、吊装、临时用电、动土、断路等，对操作者本人、他人及周围建（构）筑物、设备、设施的安全可能造成危害的作业。

其主要分为以下几类。

1. 动火作业

动火作业是指直接或间接产生明火的工艺设备以外的禁火区内可能产生火焰、火花或炽热表面的非常规作业，如使用电焊、气焊（割）、喷灯、电钻、砂轮等进行的作业。

动火作业应预先制定作业方案，落实安全防火措施；作业前应清除动火现场及周围的易燃物品，或采取其他有效安全防火措施，并配备消防器材，满足作业现场应急需求；作业时应有专人监火，保持作业现场通排风良好。动火点周围或其下方的地面如有可燃物、空洞、窨井、地沟、水封等，应检查分析并采取清理或封盖等措施；对于动火点周围有可能泄漏易燃、可燃物料的设备，应采取隔离措施。

2. 受限空间作业

受限空间指进出口受限，通风不良，可能存在易燃易爆、有毒有害物质或缺氧，对进入人员的生命安全构成威胁的封闭、半封闭设施及场所，如反应器、塔、釜、槽、罐、炉膛、锅筒、管道，以及地下室、窨井、坑（池）、下水道或其他封闭、半封闭场所。

受限空间作业是指进入或探入受限空间进行的作业。作业时，应保持受限空间空气流通良好，对受限空间内的气体浓度进行严格监测，并采取一定的防护措施。要注意，最长作业时限通常不应超过24h，要求设有专人监护。

3. 盲板抽堵作业

盲板抽堵作业是指在设备、管道上安装和拆卸盲板的作业。作业前，生产车间应预先绘制盲板位置图，对盲板进行统一编号，并设专人统一指挥作业。根据管道内介质的性质、温度、压力和管道法兰密封面的口径等，选择相应材料、强度、口径和符合设计、制造要求的盲板及垫片。

4. 高处作业

高处作业是指在距坠落基准面2m及以上有可能坠落的高处进行的作业。高处作业人员应正确佩戴符合要求的安全带，带电高处作业应使用绝缘工具或穿均压服。在邻近排放有毒、有害的气体、粉尘的放空管线或烟囱等场所进行作业时，应预先与作业所在地有关人员取得联系，配备标准的空气呼吸器、过滤式防毒面具或口罩等防护器具。雨天和雪天作业时，应采取可靠的防滑、防寒措施。遇有五级以上强风、浓雾等恶劣天气，不应进行高处作业。

5. 吊装作业

吊装作业是指利用各种吊装机具将设备、工件、器具、材料等吊起，使其发生位置变化的作业过程。按照吊装重物质量不同分为一级、二级和三级。三级以上的吊装作业，应制定吊装作业方案。不应靠近输电线路进行吊装作业。吊装场所如有含危险物料的设备、管道等时，应制定详细吊装方案，并对设备、管道采取有效防护措施，必要时停车，放空物料，置换后进行吊装作业。

6. 临时用电作业

临时用电是指在正式运行的电源上所接的非永久性用电。

在运行的生产装置、罐区和具有火灾爆炸危险的场所内，不应接临时电源；如若确实需要，应对周围环境进行可燃气体检测分析。临时用电作业应设置保护开关，使用前应检查电气装置和保护设施的可靠性。

7. 动土作业

动土作业是指挖土、打桩、钻探、坑探、地锚入土深度在 0.5m 以上，使用推土机、压路机等施工机械进行填土或平整场地等可能对地下隐蔽设施产生影响的作业。作业前应先了解地下隐蔽设施的分布情况，动土时使用适当的工具挖掘，避免损坏地下隐蔽设施。如暴露出电缆、管线及不能辨认的物品时，应立即停止作业，妥善加以保护，报告动土审批单位处理，经采取措施后方可继续动土作业。

8. 断路作业

断路作业是指在化学品生产单位内交通主、支路与车间引道上进行工程施工、吊装、吊运等各种影响正常交通的作业。作业前，作业申请单位应会同相关主管部门制定交通组织方案，保证消防车和其他重要车辆的通行，并满足应急救援要求。根据需要在断路的路口和相关道路上设置交通警示标志，在作业区附近设置路栏、道路作业警示灯、导向标等交通警示设施。

二、特殊作业危险有害因素辨识

（一）动火作业危险、有害因素分析

（1）影响生产作业。

（2）在维修时未停电或是停错电都易造成人员伤亡。

（3）防止设备误操作造成人员伤亡。

（4）粉尘浓度过高造成爆炸发生。

（5）维修时爆炸或火灾现场监护不到位造成事故发生。

（6）现场清理不彻底，造成事故隐患。

（二）受限空间作业危险、有害因素分析

1. 人的因素

（1）作业人员因素。作业人员不了解在进入期间可能面临的危害；不了解隔离危害和查证已隔离的程序；不了解危害暴露的形式、征兆和后果；不了解防护装备的使用和限制，如测试、监督、通风、通讯、照明、预防坠落、障碍物以及进入方法和救援装备；不清楚监护人用来提醒撤离时的沟通方法；不清楚当发现有暴露危险的征兆或症状时，提醒监护人的方法；不清楚何时撤离受限空间，可能导致事故发生。

（2）监护人员因素。监护人不了解作业人员在进入期间可能面临的危害；不了解人员受到危害影响时的行为表现；不清楚召唤救援和急救部门帮助进入者撤离的方法，不能起到监督空间内外活动和保护进入者安全的作用。

2. 物的因素

（1）有毒气体。受限空间内可能会存在很多的有毒气体，既可以是在受限空间内已经存在

的,也可能是在工作过程中产生的。聚积于受限空间的常见有害气体有硫化氢、一氧化碳、甲烷、沼气等,这些都对作业人员构成中毒威胁。

硫化氢(H_2S)是无色气体,有特殊的臭味(臭鸡蛋味),易溶于水;密度比空气大,易积聚在通风不良的城市污水管道、窨井、化粪池、污水池、纸浆池及其他各类发酵池和蔬菜腌制池等低洼处(含氮化合物例如蛋白质腐败分解产生)。硫化氢属窒息性气体,是一种强烈的神经毒物。硫化氢浓度在 $0.4mg/m^3$ 时,人能明显嗅到硫化氢的臭味;$70\sim150mg/m^3$ 时,吸入数分钟即发生嗅觉疲劳而闻不到臭味,浓度越高嗅觉疲劳越快,越容易使人丧失警惕;超过 $760mg/m^3$ 时,短时间内即可发生肺水肿、支气管炎、肺炎,可能造成生命危险;超过 $1\,000mg/m^3$,可致人发生电击样死亡。

一氧化碳(CO)是无色无臭气体,微溶于水,溶于乙醇、苯等多数有机溶剂;属于易燃易爆有毒气体,与空气混合能形成爆炸性混合物,遇明火、高热能引起燃烧爆炸。一氧化碳在血中易与血红蛋白结合(相对于氧气)而造成组织缺氧。轻度中毒者出现头痛、头晕、耳鸣、心悸、恶心、呕吐、无力,血液碳氧血红蛋白浓度可高于10%;中度中毒者除上述症状外,还有皮肤黏膜呈樱红色、脉快、烦躁、步态不稳、浅至中度昏迷,血液碳氧血红蛋白浓度可高于30%;重度患者深度昏迷、瞳孔缩小、肌张力增强、频繁抽搐、大小便失禁、休克、肺水肿、严重心肌损害等。

(2)氧气不足。受限空间内的氧气不足是经常遇到的情况。氧气不足的原因很多,如被密度大的气体(如二氧化碳)挤占、燃烧、氧化(比如生锈)、微生物行为(如老鼠尸体分解)、吸收和吸附(如潮湿的活性炭)、工作行为(如使用溶剂、涂料、清洁剂或者是加热工作)等都可能影响氧气含量。作业人员进入后,可由于缺氧而窒息,而超过常量的氧气可能会加速燃烧或其他的化学反应。

(3)可燃气体。在受限空间中常见的可燃气体包括甲烷、天然气、氢气、挥发性有机化合物等。这些可燃气体和蒸气来自地下管道间泄漏(电缆管道和城市煤气管道间)、容器内部残存、细菌分解、工作产物(在其内进行涂漆、喷漆、使用易燃易爆溶剂)等,如遇引火源就可能导致火灾甚至爆炸。在受限空间中的引火源包括产生热量的工作活动、焊接、切割等作业、打火工具、光源、电动工具、电子仪器,甚至静电。

3.环境的因素

过冷、过热、潮湿的受限空间有可能对人员造成危害;在受限空间时间过长,会由于受冻、受热、受潮,致使体力不支。

在具有湿滑的表面的受限空间作业,有导致人员摔伤、磕碰等的危险。进行人工挖孔桩作业的事故现场,有坍塌、坠落,造成击伤、埋压的危险。清洗大型水池、储水箱、输水管(渠)的作业现场有导致人员遇溺的危险。作业现场电气防护装置失效或误操作,电气线路短路、超负荷运行、雷击等都有可能发生电流对人体的伤害,而造成伤亡事故的危险。

(三)盲板抽堵作业的危险、有害因素分析

1.盲板本身给系统带来的影响

假如盲板本身有缺陷或者其材质、厚度达不到要求,或者安装不规范,如所加垫片不合格等,就有可能起不到有效的隔离作用。比如2004年10月11日,某市化肥厂停工检验,重点焊补合成氨系统碳化清洗塔,从9时开始,对系统进行了泄压、置换、上盲板隔离、清洗、透风，塔内气体取样分析合格。9时45分，焊工开始动火作业，15min以后，焊接处发生爆炸，焊工当场被炸死，其助手重伤。后经多方分析和调查，发现与生产系统相连的一个盲板上有穿透性裂缝，该裂缝泄漏了可燃性气体，引起了本次动火的爆炸事故。另外，假如盲板强度不够，在使用过程中可能会发生破裂，失去隔离的作用，所以对盲板本身的检查尤其应该引起留意，切不能以为加了盲板就万无一失了。

2. 盲板拆装作业的危害因素

盲板的拆装作业本身有可能发生物体打击、高空坠落、火灾、爆炸、中毒窒息等事故。

在作业过程中，如工作职员站位不好、使用工具有缺陷、操纵失误，有关职员配合不好等，有可能发生物体打击事故。在高处作业时，若使用的劳动防护用品不合格或使用不正确，如安全带、脚手架缺陷等，有可能发生高处坠落事故；高处作业时，操纵失误也可能发生高处坠物，砸坏下部的设备、管线，或者砸伤职员。若系统置换、清洗不彻底，残留易燃易爆或有毒有害介质，使用的工具不防爆或者所穿着劳动保护用品不合格，在作业过程中有可能发生火灾、爆炸或者中毒窒息事故。

（四）高处作业危险、有害因素分析

（1）脚手架搭设不规范、防护设施不全、脚手板材质或铺设不符合要求。

（2）施工作业人员患有高血压、心脏病、恐高症等，或生理存在缺陷，年龄偏大从事高处作业。

（3）高处施工作业人员酗酒，施工作业人员、监护人缺乏必要的施工经验和施工技能，安全意识淡薄，未经培训和安全教育，应变能力差。

（4）高处施工平台、临边、洞口等无防护栏杆或安全设施不设警告标志。

（5）操作者本人的违章作业、违反劳动纪律和安全技术知识的缺乏，会造成大量的事故。

（6）使用的脚手架材料腐蚀、规格偏小，不符合安全要求，承载时容易翻倒或压垮。

（7）在立体交叉施工过程中，施工安排不科学，同时缺乏必要的隔离防护措施或防护措施未落实、现场监护不到位等。

（8）高处作业施工方案、措施不具体，施工协调不统一等。

（9）高处作业用力不当、重心失稳。

（五）吊装作业危险、有害因素分析

（1）钢丝绳有断股且破损严重，易造成绳索破断、安全系数不合要求，易造成钢丝绳断裂和人员伤害。

（2）吊装前未支吊车腿、吊车作业时发生倾斜、违章吊装作业，易造成设备损坏、人员伤害。

（3）吊装时捆绑不当、吊耳焊接不牢固，脱落、吊车安全性能不好，易造成人员伤害。

（六）临时用电作业安全技术危险、有害因素分析

临时用电作业容易发生的安全事故如下。

1. 火灾、爆炸事故

化工企业在生产过程使用的原材料、辅材料、产品、半成品等物质具有可燃、易燃易爆的特点，当设备发生跑、冒、滴、漏，以及排污管线、污水井散发的可燃气体，遇临时用电产生的电气火花易发生火灾、爆炸事故。

2. 生产事故

当临时用电超过额定负荷或临时用电系统出现短路而过电流保护系统又未及时动作，可能造成正式运行电源系统波动或停电事故，甚至可能波及生产装置的正常生产，从而造成因临时用电引发的生产事故。

3. 人身伤害事故

（1）临时用电系统的变压器、配电箱、开关箱、用电设备等未按照规范要求设置接地保护，容易造成电击事故危及人身安全。

（2）未经培训、考核取证的非电气作业人员安装临时用电线路及设备，临时用电设备、移动式电动工具、手持电动工具等未安装漏电保护器及实施"一机一闸一保护"，临时照明、移动照明未落实安全电压等，容易发生电击造成人身伤害事故。

（3）临时用电系统的架空线路与地面或建（构）筑物的安全距离、电缆地面敷设的埋深、埋地敷设电缆走向标志等不符合规范要求，电缆容易遭受外力损伤或破坏，从而引发事故。

（4）现场临时用电配电盘、配电箱无防雨措施，配电盘、配电箱无防护，容易发生漏电或意外人身触电事故。

（七）动土作业危险、有害因素分析

（1）破坏地下设施。

（2）塌方导致人员伤害。

（3）人员进出坑道及人工开挖出现人员伤害。

（4）外部人员和车辆伤害。

（5）窒息、爆炸。

（6）机械伤害。

（7）触电。

（八）断路作业危险分析

（1）标识不明，信息沟通不畅，影响交通，引发事故。

（2）作业期间，无适当安全措施或不到位，引发交通事故或人员伤害事故。

（3）作业结束后，现场清理不彻底，阻碍交通，可能引发事故。

（4）变更未经审批，引发事故。

（5）涉及危险作业组合，未落实相应安全措施。

第二节　安全技术措施

化学工业是国民经济体系的重要组成部分，化工企业安全事故大部分因特殊作业而发生，主要原因是作业人员安全意识不强、安全管理不到位、缺乏相应安全措施、设备检修不合理。企业通过提高作业人员的安全意识，仔细辨识危害因素，认真落实安全措施，特殊作业按规定办理相应作业证，加强特殊作业安全管理，这样，发生安全事故的可能性可以大幅下降甚至降为零。

一、基本要求

（1）作业前，作业单位和生产单位应对作业现场和作业过程中可能存在的危险、有害因素进行辨识，制定相应的安全措施。

（2）作业前，应对参加作业的人员进行安全教育，主要内容如下：①有关作业的安全规章制度；②作业现场和作业过程中可能存在的危险、有害因素及应采取的具体安全措施；③作业过程中所使用的个体防护器具的使用方法及使用注意事项；④事故的预防、避险、逃生、自救、互救等知识；⑤相关事故案例和经验、教训。

（3）作业前，生产单位应进行如下工作：①对设备、管线进行隔绝、清洗、置换，并确认满足动火、进入受限空间等作业安全要求；②对放射源采取相应的安全处置措施；③对作业现场的地下隐蔽工程进行交底；④腐蚀性介质的作业场所配备人员应急用冲洗水源；⑤夜间作业的场所设置满足要求的照明装置；⑥会同作业单位组织作业人员到作业现场，了解和熟悉现场环境，进一步核实安全措施的可靠性，熟悉应急救援器材的位置及分布。

（4）作业前，作业单位对作业现场及作业涉及的设备、设施、工器具等进行检查，并使之符合如下要求：①作业现场消防通道、行车通道应保持畅通；影响作业安全的杂物应清理干净；②作业现场的梯子、栏杆、平台、箅子板、盖板等设施应完整、牢固，采用的临时设施应确保安全；③作业现场可能危及安全的坑、井、沟、孔洞等应采取有效防护措施，并设警示标志，夜间应设警示红灯；需要检修的设备上的电器电源应可靠断电，在电源开关处加锁并加挂安全警示牌；④作业使用的个体防护器具、消防器材、通信设备、照明设备等应完好；⑤作业使用的脚手架、起重机械、电气焊用具、手持电动工具等各种工器具应符合作业安全要求；超过安全电压的手持式、移动式电动工器具应逐个配置漏电保护器和电源开关。

（5）进入作业现场的人员应正确佩戴符合《头部防护 安全帽》（GB 2811—2019）要求的安全帽；作业时，作业人员应遵守本工种安全技术操作规程，并按规定着装及正确佩戴相应的个体防护用品，多工种、多层次交叉作业应统一协调。

特种作业和特种设备作业人员应持证上岗。患有职业禁忌证者不应参与相应作业。作业监护人员应坚守岗位，如确需离开，应有专人替代监护。

（6）作业前，作业单位应办理作业审批手续，并有相关责任人签名确认。

同一作业涉及动火、进入受限空间、盲板抽堵、高处作业、吊装、临时用电、动土、断路中的两种或两种以上时，除应同时执行相应的作业要求外，还应同时办理相应的作业审批手续。

作业时，审批手续应齐全，安全措施应全部落实，作业环境应符合安全要求。

（7）当生产装置出现异常，可能危及作业人员安全时，生产单位应立即通知作业人员停止作业，迅速撤离。

当作业现场出现异常，可能危及作业人员安全时，作业人员应停止作业，迅速撤离，作业单位应立即通知生产单位。

（8）作业完毕，应恢复作业时拆移的盖板、箅子板、扶手、栏杆、防护罩等安全设施的安全使用功能；将作业用的工器具、脚手架、临时电源、临时照明设备等及时撤离现场；将废料、杂物、垃圾、油污等清理干净。

二、动火作业

（一）作业分级

（1）固定动火区外的动火作业一般分为二级动火、一级动火、特级动火三个级别，遇节日、假日或其他特殊情况，动火作业应升级管理。企业应划定固定动火区及禁火区。

（2）二级动火作业：除特级动火作业和一级动火作业以外的动火作业。凡生产装置或系统全部停车，装置经清洗、置换、分析合格并采取安全隔离措施后，可根据其火灾、爆炸危险性大小，经危险化学品企业生产负责人或安全管理负责人批准，动火作业可按二级动火作业管理。

（3）一级动火作业：在易燃易爆场所进行的除特级动火作业以外的动火作业。厂区管廊上的动火作业按一级动火作业管理。

（4）特级动火作业：在生产运行状态下的易燃易爆生产装置、输送管道、储罐、容器等的部位上及其他特殊危险场所进行的动火作业，带压不置换动火作业按特级动火作业管理。

（二）作业基本要求

（1）动火作业应有专人监火，作业前应清除动火现场及周围的易燃物品，或采取其他有效安全防火措施，并配备消防器材，满足作业现场应急需求。

（2）动火点周围或其下方的地面如有可燃物、空洞、窨井、地沟、水封等，应检查分析并采取清理或封盖等措施；对于动火点周围有可能泄漏易燃、可燃物料的设备，应采取隔离措施。

（3）凡在盛有或盛装过危险化学品的设备、管道等生产、储存设施及处于《建筑设计防火规范》（GB 50016—2014［2018 年版］）《石油化工企业设计防火规范》（GB 50160—2008［2018 年版］）《石油库设计规范》（GB 50074—2014）规定的甲、乙类区域的生产设备上动火作业，应将其与生产系统彻底隔离，并进行清洗、置换，分析合格后方可作业；因条件限制无法进行清洗、置换而确需动火作业时按特级动火要求规定执行。

（4）拆除管线进行动火作业时，应先查明其内部介质及其走向，并根据所要拆除管线的情况制定安全防火措施。

（5）在有可燃物构件和使用可燃物做防腐内衬的设备内部进行动火作业时，应采取防火隔绝措施。

（6）在生产、使用、储存氧气的设备上进行动火作业时，设备内氧含量不应超过 23.5%。

（7）动火期间距动火点 30m 内不应排放可燃气体，距动火点 15m 内不应排放可燃液体；在动火点 10m 范围内及动火点下方不应同时进行可燃溶剂清洗或喷漆等作业。

（8）铁路沿线 25m 以内的动火作业，如遇装有危险化学品的火车通过或停留时，应立即停止。

（9）使用气焊、气割动火作业时，乙炔瓶应直立放置，与氧气瓶的间距不应小于 5m，两者与作业地点间距不应小于 10m，并应设置防晒设施。

（10）作业完毕应清理现场，确认无残留火种后方可离开。

五级风以上（含五级）天气，原则上禁止露天动火作业。因生产确需动火，动火作业应升级管理。

（三）特级动火作业要求

特级动火作业在符合动火作业基本要求规定的同时，还应符合以下规定：

（1）在生产不稳定的情况下不应进行带压不置换动火作业。

（2）应预先制定作业方案，落实安全防火措施，必要时可请专职消防队到现场监护。

（3）动火点所在的生产车间（分厂）应预先通知工厂生产调度部门及有关单位，使之在异常情况下能及时采取相应的应急措施。

(4) 应在正压条件下进行作业。

(5) 应保持作业现场通排风良好。

(四) 动火分析及合格标准

1. 动火作业前的安全防护措施

(1) 动火分析的监测点要有代表性，在较大的设备内动火，应对上、中、下各部位进行监测分析；在较长的物料管线上动火，应在彻底隔绝区域内分段分析。

(2) 在设备外部动火，应在距离动火点 10m 范围内进行动火分析。

(3) 动火分析与动火作业间隔不应超过 30min。

(4) 特级、一级动火作业中断时间超过 30min，二级动火作业中断时间超过 60min，应重新进行气体分析；每日动火前均应进行动火分析；特级动火作业期间应随时进行监测。

(5) 使用便携式可燃气体检测仪或其他类似手段进行分析时，检测设备应经标准气体样品标定合格。

(6) 首先切断物料来源并加好盲板；经彻底吹扫、清洗、置换后，打开人孔，通风换气；打开人孔时，应自上而下依次打开，并经分析合格后方可动火。

(7) 环境可燃气体、有毒气体分析可使用便携式可燃气体及有毒气体检测报警器进行。

(8) 特殊级别动火作业期间，应随时监测作业现场可燃气体/有毒气体浓度。

(9) 动火点距生产装置、罐区边界 15m 以内（一般生产装置边界是装置围栏或相当于围栏的位置，罐区边界是防火堤），对该装置或罐区安全生产可能造成威胁时，"动火作业许可证"必须由该单位领导或值班人员会签，必要时加派动火监护人。一张"动火作业许可证"只限一处动火，实行一处（动火地点）、一证（"动火作业许可证"）、一人（动火监护人）。

2. 动火分析合格标准

(1) 当被测气体或蒸气的爆炸下限大于或等于 4% 时，其被测浓度应不大于 0.5%（体积分数）。

(2) 当被测气体或蒸气的爆炸下限小于 4% 时，其被测浓度应不大于 0.2%（体积分数）。

3. 动火作业过程中的安全防护措施

(1) 动火作业实行"三不动火"，即没有经批准的"动火作业许可证"不动火、动火监护人不在现场不动火、安全管控措施不落实不动火。

(2) 动火监护人在监护过程中应佩戴明显标志，如挂牌或者穿反光马甲等，动火过程中，不得离开现场，要随时注意环境的变化，发现异常情况，立即停止动火，当作业内容发生变更时，应立即停止作业，"动火作业许可证"同时废止。

(3) 作业人员还要按规定穿戴好防护服装、用品，确保作业过程中的自身安全。电焊作业人员要戴专用的防护手套、防护口罩和护目镜等，如在高处作业时还应系挂安全带。

4. 焊接和切割作业安全

(1) 电焊作业安全：

①作业前先检查设备和工具，重点是设备的接地或接零、线路的连接和绝缘性能等。

②焊工施焊应穿绝缘胶鞋，戴绝缘手套；在金属容器设备内、地沟里或潮湿环境作业，应采用绝缘衬垫以保证焊工与焊件绝缘；焊工的手和身体的其他部位不应随便接触二次回路的导体（如焊钳口、焊条、工作台等），使用照明行灯的电压不应超过 12V，严禁露天冒雨从事电焊作业。

③气体保护焊接都使用压缩气瓶，必须采取防止气瓶爆炸的措施。

④电焊设备的安装、接线、修理和检查，须由专业电工进行。

⑤电焊工不要携带电焊把钳进出设备，带电的把钳应由外面的配合人员递进递出，工作间断时，把钳应放在干燥的木板上或绝缘良好处。

⑥电焊与气焊在同一地点作业时，电焊设备与气焊设备以及把线和气焊胶管，都应该分离开，相互间最好有10m以上的距离。

⑦在高处进行焊接作业时要采取防止火花飞溅的措施，防止落下的火花引发火灾、爆炸事故。

⑧电焊机电源侧应设置漏电保护器，漏电保护器参数应符合规范要求。

（2）气焊与气割作业安全：

①乙炔瓶使用时必须垂直放置，应有防倒措施，不得卧放使用，使用时应安装阻火器，乙炔气瓶上的易熔塞朝向无人处。

②乙炔减压器与瓶连接必须牢固可靠，严禁在漏气情况下使用；如发现瓶阀、减压器、易熔塞着火时，用干粉灭火器或二氧化碳灭火器扑救，禁用四氯化碳灭火器扑救。

③不得使用绳拉等危险方式往高处运送气瓶，也不得采用从楼梯或斜道自由滚落的方式往下运送气瓶。

三、受限空间作业

（1）作业前，应对受限空间进行安全隔绝，要求如下：

①与受限空间连通的可能危及安全作业的管道应采用插入盲板或拆除一段管道进行隔绝。

②与受限空间连通的可能危及安全作业的孔、洞应进行严密封堵。

③受限空间内的用电设备应停止运行并有效切断电源，在电源开关处上锁并加挂警示牌。

（2）作业前，应根据受限空间盛装（过）的物料特性，对受限空间进行清洗或置换，并达到如下要求：

①氧含量为19.5%～21%，在富氧环境下不应大于23.5%。

②有毒气体（物质）浓度应符合《工作场所有害因素职业接触限值·第1部分：化学有害因素》的规定。

③可燃气体浓度要求同动火分析合格标准规定。

（3）应保持受限空间空气流通良好，可采取如下措施：

①打开人孔、手孔、料孔、风门、烟门等与大气相通的设施进行自然通风。

②必要时，应采用风机强制通风或管道送风，管道送风前应对管道内介质和风源进行分析确认。

（4）应对受限空间内的气体浓度进行严格监测，监测要求如下：

①作业前30min内，应对受限空间进行气体分析，检测分析合格后方可进入。

②监测点应有代表性，容积较大的受限空间，应对上、中、下各部位进行监测分析。保证受限空间内部任何部位的可燃气体浓度和氧含量合格。

③分析仪器应在校验有效期内，使用前应保证其处于正常工作状态。

④监测人员深入或探入受限空间监测时应采取防护措施中规定的个体防护措施。

⑤作业时,作业现场应配置移动式气体检测报警仪;连续监测可燃、有毒气体及氧浓度,并2h记录一次,气体超限报警时,应立即停止作业,撤离人员,对现场进行处理,分析合格后方可恢复作业。

⑥对可能释放有害物质的受限空间,应连续监测,情况异常时应立即停止作业,撤离人员,对现场进行处理,分析合格后方可恢复作业。

⑦涂刷具有挥发性溶剂的涂料时,应做连续分析,并采取强制通风措施。

⑧作业中断时间超过60min时,应重新进行分析。

(5) 进入下列受限空间作业应采取如下防护措施:

①缺氧或有毒的受限空间经清洗或置换仍达不到上述2.中要求的,应佩戴隔绝式呼吸器,必要时应拴带救生绳。

②易燃易爆的受限空间经清洗或置换仍达不到上述2.中要求的,应穿防静电工作服及防静电工作鞋,使用防爆型低压灯具及防爆工具。

③酸碱等腐蚀性介质的受限空间,应穿戴防酸碱防护服、防护鞋、防护手套等防腐蚀护品。

④有噪声产生的受限空间,应佩戴耳塞或耳罩等防噪声护具。

⑤有粉尘产生的受限空间,应佩戴防尘口罩、眼罩等防尘护具。

⑥高温的受限空间,进入时应穿戴高温防护用品,必要时采取通风、隔热、佩戴通信设备等防护措施。

⑦低温的受限空间,进入时应穿戴低温防护用品,必要时采取供暖、佩戴通信设备等措施。

(6) 照明及用电安全要求有:

①受限空间照明电压应小于或等于36V,在潮湿容器、狭小容器内作业,电压应小于或等于12V。

需使用电动工具或照明电压大于12V时,应按规定安装漏电保护器,其接线箱(板)严禁带入容器内使用。受限空间作业环境原来盛装爆炸性液体、气体等介质的,应使用防爆电筒或电压不大于12V的防爆安全行灯,行灯变压器不得放在容器内或容器上;作业人员应穿戴防静电服装,使用防爆工具,严禁携带手机等非防爆通信工具和其他防爆器材。

②在潮湿容器中,作业人员应站在绝缘板上,同时保证金属容器接地可靠。

(7) 作业监护要求有:

①在受限空间外应设有专人监护,作业期间监护人员不应离开。

②在风险较大的受限空间作业时,应增设监护人员,并随时与受限空间内作业人员保持联络。

(8) 应满足的其他要求有:

①受限空间外应设置安全警示标志,备有空气呼吸器(氧气呼吸器)、消防器材和清水等相应的应急用品。

②受限空间出入口应保持畅通。

③作业前后应清点作业人员和作业工器具。

④作业人员不应携带与作业无关的物品进入受限空间;作业中不应抛掷材料、工器具等物

品；在有毒、缺氧环境下不应摘下防护面具；不应向受限空间充氧气或富氧空气；离开受限空间时应将气割（焊）工器具带出。

⑤难度大、劳动强度大、时间长的受限空间作业应采取轮换作业方式。

⑥作业结束后，受限空间所在单位和作业单位共同检查受限空间内外，确认无问题后方可封闭受限空间。

⑦最长作业时限不应超过24h。

（9）作业过程中的安全防护措施有：

①受限空间作业实行"三不进入"，即未持有经批准的"受限空间作业许可证"不进入，安全措施不落实到位不进入，监护人不在场不进入。

②当受限空间状况改变时，作业人员应立即撤出现场，同时为防止人员误入，在受限空间入口处应设置"危险！严禁入内"警告牌或采取其他封闭措施。处理后需重新办理作业许可证方可进入。

③为保证受限空间内空气流通和人员呼吸需要，可采用自然通风，必要时采取强制通风，严禁向内充氧气。

④进入受限空间内的作业人员每次工作时间不宜过长，应轮换作业或休息。

⑤对带有搅拌器、电离器等转动部件的设备，应在停机后切断电源，摘除保险或挂接地线，并在开关上挂"有人工作、严禁合闸"警示牌，必要时派专人监护。

⑥受限空间作业，不得使用卷扬机、吊车等运送作业人员；作业人员所带的工具、材料须登记，禁止与作业无关的人员和物品工具进入受限空间。

⑦在特殊情况下（如油罐清罐、氮气状态下），作业人员可戴供风式面具、空气呼吸器等。使用供风式面具时，必须安排专人监护供风设备。

⑧受限空间作业期间，严禁同时进行各类与该受限空间有关的试车、试压或试验。

⑨受限空间作业监护人严禁进入受限空间内，受限空间内的作业人员发生中毒、窒息的紧急情况，监护人严禁未佩戴防护用具即进入受限空间内，应迅速与其他人员联系，抢救人员必须佩戴隔离式防护面具进入受限空间，并至少有一人在受限空间外部负责联络工作。

⑩作业停工期间，应在受限空间的入口处设置"危险！严禁入内"警告牌或采取其他封闭措施防止人员进入。

⑪上述措施如在作业期间发生异常变化，应立即停止作业，经处理并达到安全作业条件后，方可继续作业。

⑫作业人员必须按"受限空间作业许可证"上的规定进行作业，服从作业监护人的指挥，禁止携带作业器具以外的物品进入受限空间；发现情况异常或感到不适和呼吸困难时，应立即向作业监护人发出信号、迅速撤离现场，严禁在有毒、窒息环境中摘下防护面罩；发现作业监护人不在现场，要立即停止作业。

⑬施工的氧气瓶、乙炔瓶严禁带入受限空间内。

⑭受限空间内动火作业时，严禁同时进行刷漆、防腐作业。在受限空间内刷漆作业时，保持受限空间内通风良好，必要时可接风机强制通风。

四、盲板抽堵作业

（一）盲板抽堵作业程序

盲板抽堵作业实施作业许可证管理，作业前应办理"盲板抽堵安全许可证"。施工单位作业负责人持施工任务单，到生产单位办理作业许可证，生产单位负责人与施工单位作业负责人针对作业内容，进行危害识别，制定相应的作业程序及安全措施，对作业复杂、危险性大的场所还要制定应急预案。

生产单位负责人与施工单位作业负责人对作业程序和安全措施进行确认后，方可签发"盲板抽堵作业许可证"，施工单位作业负责人要向作业人员进行作业程序和安全措施的交底，并指派监护人。

装置大检修时，需要抽堵的盲板较多，生产单位要根据装置的检修计划，预先绘制盲板位置图，对盲板进行统一编号，注明抽堵盲板的部位和盲板的规格，该项工作要设专人负责；对于日常抢修或施工作业中需要加装的盲板数量较少时，也应绘制盲板位置图。

（二）盲板抽堵过程中的安全措施

（1）生产车间（分厂）应预先绘制盲板位置图，对盲板进行统一编号，并设专人统一指挥作业。

（2）应根据管道内介质的性质、温度、压力和管道法兰密封面的口径等选择相应材料、强度、口径和符合设计、制造要求的盲板及垫片。高压盲板使用前应经超声波探伤，并符合《锻造角式高压阀门 技术条件》（JB/T 450—2008）的要求。

（3）作业单位应按图进行盲板抽堵作业，并对每个盲板设标牌进行标识，标牌编号应与盲板位置图上的盲板编号一致。生产车间（分厂）应逐一确认并做好记录。

（4）作业时，作业点压力应降为常压，并设专人监护。

（5）在有毒介质的管道、设备上进行盲板抽堵作业时，作业人员应按《个体防护装备配备规范 第1部分：总则》（GB 39800.1—2020）的要求选用防护用具。系统压力应降到尽可能低的程度，加盲板的位置，应在有物料来源的阀门的另一侧，盲板两侧均应安装垫片，所有螺栓都要紧固，以保持严密性，作业人员应穿戴适合的防护用具（防护面具、眼镜、防毒面罩、正压式空气呼吸器等）。

（6）在易燃易爆场所进行盲板抽堵作业时，作业人员应穿防静电工作服、工作鞋，并应使用防爆灯具和防爆工具；距盲板抽堵作业地点30m内不应有动火作业。工作照明应使用防爆灯具；作业时应使用防爆工具，禁止用铁器敲打管线、法兰等。

（7）在强腐蚀性介质的管道、设备上进行盲板抽堵作业时，作业人员应采取防止酸碱灼伤的措施。

（8）在介质温度较高、可能造成烫伤的情况下，作业人员应采取防烫措施。

（9）不应在同一管道上同时进行两处及两处以上的盲板抽堵作业。拆卸法兰时应隔1个螺栓逐步松开，以防管道内余压或残料喷出伤人；如果盲板处距离两侧管架较远，要采取临时支架或吊挂措施，防止拆开法兰螺栓后管线下垂伤人。

（10）盲板抽堵作业结束，由作业单位和生产车间（分厂）专人共同确认。作业过程中，如果不具备安全条件，要停止作业。

（11）若抽堵盲板的法兰与塔、罐等带压或有危险物料的设备无切断阀门或切断阀门严重内漏无法隔离时,要采取退净物料、撤压、置换等措施,必要时需进行气体采样分析合格,同时要防止管线内的余压或残余物料喷出伤人。

五、高处作业

(一) 作业分级

(1) 作业高度 (h) 分为四个区段: $2m \leq h \leq 5m$; $5m < h \leq 15m$; $15m < h \leq 30m$; $h > 30m$。

(2) 直接引起坠落的客观危险因素分为 11 种:

①阵风风力五级 (风速 8.0m/s) 以上。

②Ⅱ级或Ⅱ级以上的高温作业。

③平均气温等于或低于 5℃ 的作业环境。

④接触冷水温度等于或低于 12℃ 的作业。

⑤作业场地有冰、雪、霜、水、油等易滑物。

⑥作业场所光线不足或能见度差。

⑦作业活动范围与危险电压带电体距离小于表 4-1 的规定。

表 4-1 作业活动范围与危险电压带电体的距离

危险电压带电体的电压等级/kV	≤10	35	63~110	220	330	500
距离/m	1.7	2.0	2.5	4.0	5.0	6.0

⑧摆动,立足处不是平面或只有很小的平面,即任一边小于 500mm 的矩形平面、直径小于 500mm 的圆形平面或具有类似尺寸的其他形状的平面,致使作业者无法维持正常姿势。

⑨Ⅲ级或Ⅲ级以上的体力劳动强度。

⑩存在有毒气体或空气中含氧量低于 19.5% 的作业环境。

⑪可能会引起各种灾害事故的作业环境和抢救突然发生的各种灾害事故。

(3) 不存在 (2) 列出的任一种客观危险因素的高处作业按表 4-2 规定的 A 分类法分级,存在 (2) 列出的一种或一种以上客观危险因素的高处作业按表 4-2 规定的 B 分类法分级。

表 4-2 高处作业分级

分类法	高处作业高度/m			
	$2 \leq h \leq 5$	$5 < h \leq 15$	$15 < h \leq 30$	$h > 30$
A	Ⅰ	Ⅱ	Ⅲ	Ⅳ
B	Ⅱ	Ⅲ	Ⅳ	Ⅳ

(二) 作业要求

(1) 作业人员应正确佩戴符合《坠落防护 安全带》(GB 6095—2021) 要求的安全带。带电高处作业应使用绝缘工具或穿均压服。Ⅳ级高处作业 (30m 以上) 宜配备通信联络工具。

(2) 高处作业应设专人监护,作业人员不应在作业处休息。

(3) 应根据实际需要配备符合《吊笼有垂直导向的人货两用施工升降机》(GB/T 26557—2021) 等标准安全要求的吊笼、梯子、挡脚板、跳板等,脚手架的搭设应符合国家有关标准。

(4) 在彩钢板屋顶、石棉瓦、瓦棱板等轻型材料上作业,应铺设牢固的脚手板并加以固定，脚手板上要有防滑设施。

（5）在临近排放有毒、有害的气体、粉尘的放空管线或烟囱等场所进行作业时，应预先与作业所在地有关人员取得联系，确定联络方式，并为作业人员配备必要的且符合相关国家标准的防护器具（如空气呼吸器、过滤式防毒面具或口罩等）。

（6）在雨天和雪天作业时，应采取可靠的防滑、防寒措施；遇有五级以上强风、浓雾等恶劣天气，不应进行高处作业、露天攀登或悬空高处作业；暴风雪、台风、暴雨后，应对作业安全设施进行检查，发现问题立即处理。

（7）作业使用的工具、材料、零件等应装入工具袋，上下时手中不应持物，不应投掷工具、材料及其他物品。易滑动、易滚动的工具、材料堆放在脚手架上时，应采取防坠落措施。

（8）与其他作业交叉进行时，应按指定的路线上下，不应上下垂直作业，如果确需垂直作业，应采取可靠的隔离措施。

（9）因作业必需临时拆除或变动安全防护设施时，应经作业审批人员同意，并采取相应的防护措施，作业后应立即恢复。

（10）作业人员在作业中如果发现异常情况，应及时发出信号，并迅速撤离现场。

拆除脚手架、防护棚时，应设警戒区并派专人监护，不应上部和下部同时施工。

（三）作业现场安全防护措施

（1）高处作业严禁投掷工具、材料及其他物品，所用材料应堆放平稳，必要时应设安全警戒区并设专人监护；作业人员上下时手中不得持物，不得在高处作业处休息，不得在不坚固的结构（如彩钢板屋顶、石棉瓦、瓦棱板等轻型材料等）作业。

（2）在同一坠落方向上，一般不得进行上下交叉作业。如确需进行交叉作业，要采取硬隔离措施；如间隔超过24m时，应设双层防护。因作业需要，临时拆除或变动安全防护设施时，要经作业负责人同意，并采取相应的措施，作业后应立即恢复。

（3）作业时遇有不适宜高处作业的恶劣气象（如6级及以上的大风、雷电、暴雨、大雾等）条件时，立即停止露天高处作业。

（4）在作业点附近设有排放有毒有害气体及粉尘超出允许浓度的烟囱及设备时，严禁进行高处作业。作业人员在作业中如发现情况异常或感到不适和呼吸困难时，应立即向作业监护人发出信号、迅速撤离现场，严禁在有毒、窒息环境中摘下防护面罩。

（5）施工作业区域内，直径小于500mm的洞口要进行可靠封盖或封堵，直径大于500mm的洞口除封盖外，还要加装栏杆围护，并设置醒目的警示标志。

（6）进行格栅板、花纹板铺设时，要边铺设边固定，在上下同一垂直面上不得同时进行格栅板、花纹板的铺设作业，高处作业人员在移动过程中必须保证至少有一个挂钩有效。

（四）高处作业防护装备

1. 防坠落装备

高处作业应设置用于阻止作业人员从工作高度坠落的一系列的防护装备，包括：锚固点连接器、生命绳、全身式安全带、抓绳器、减速装置、定位系索或其组合。

2. 梯子

（1）在使用木竹梯子之前，应检查其有无损坏，凡有腐朽枯节、裂纹、虫蛀等缺陷时，不得使用。不得把短梯拼接成长梯使用。

(2) 在使用前,必须把梯子安置牢固,不可使其摇动或倾斜过度。在光滑坚硬的地面上使用梯子时,需在地面上垫草袋子或橡胶板,并用绳索将梯子下端与固定物绑紧。也可以设专人在下面扶梯子。

(3) 在梯子上工作时,梯子与地面的倾斜度一般为 55°～60°。

(4) 禁止两人同登一梯,不准在梯子顶档作业。

(5) 对于需要的物件,可在爬到作业的高度后再用绳索提上,或者装在工具袋内,用绳索传递。

(6) 靠在管线上使用梯子,其上端必须设有挂钩或用绳索绑住。

(7) 人字梯须有坚固的铰链和限制开关的拉链,使用前一定要做好检查。

(8) 在道路上使用梯子时,下面应有监护人;梯子不应放在门前使用,防止门突然开启或关闭时出现问题。

(9) 人在梯子上时,禁止移动梯子。上下梯子时,应两手抓紧梯子,严禁从梯子上滑下。

3. 脚手架

(1) 搭设脚手架的基础底面必须平整、夯实、坚硬,其金属基板必须平整,不得有任何变形。地面较松软时必须使用扫地杆或垫板以增大稳定性。地基排水要良好,防止积水。

(2) 脚手架必须设有供施工人员上下的斜梯或阶梯,严禁施工人员沿脚手架爬上爬下。

(3) 储罐内的脚手架严禁对罐底、罐壁造成变形、损坏,储罐内一般应搭设满堂架。

(4) 未取得登高架设作业特种作业上岗操作证的人员,严禁从事脚手架的搭设和拆除作业。

(5) 脚手架搭设完毕要验收,严禁使用未经验收合格的脚手架。

(6) 脚手架使用过程中,要加强检查,尤其是大风、大雪、大雨后,要认真检查脚手架有无变形、坍塌等,确认无误后方允许继续使用。

4. 吊篮、吊板

(1) 一般要求如下:

①吊篮、吊板中的作业人员应系安全带和安全绳,安全带的一端应系于安全绳上,使用时安全绳应基本保持垂直于地面,作业人员身后余绳不得超过 1m。

②吊板仅用于大型储罐的外部防腐悬吊作业和建筑物的清洗、粉饰、养护悬吊作业。

③吊篮或吊板作业单位、吊篮或吊板作业设备安装以及检修单位应取得相应的高处悬挂作业安全资格证。

④吊篮、吊板搭设完毕必须经过设备管理部门验收。

⑤钢丝绳每次施工前应检查一次,一个月至少应润滑一次,安全带和安全绳每次施工前应检查一次。

⑥新安装、大修后及闲置一年以上的吊篮装置,启动前必须由有资质的安全检测机构进行安全性能检查。

⑦有架空输电线场所,吊篮或吊板的任何部位与输电线的安全距离不应小于 10m。

⑧使用吊板悬吊作业时,储罐或建筑物顶部应由经过专业培训的人员监护,施工单位应在该吊篮或吊板作业现场的地面区域内设置警戒区,并安排一名地面监护人员阻止行人通行。

(2) 吊篮使用安全技术要求如下:

①利用吊篮进行电焊作业时,严禁用吊篮作电焊接线回路,吊篮内严禁放置氧气瓶、乙炔

瓶等易燃易爆品。

②吊篮内侧距离作业设备间隙为 100～200mm，吊篮的最大长度不宜超过 4m，宽度为 0.8～1.2m，特殊需要应专门设计，高度不超过 2m，吊篮立杆的纵向间距为 1.5～2m，挡脚板高度不小于 200mm；吊篮外侧必须在 0.6m 和 1.2m 高处各设一道护身栏杆，此外，吊篮顶部必须设护头棚，外侧与两端用安全网封严。

③吊篮严禁超载或带故障使用，吊篮在正常使用时，严禁使用安全锁制动。吊篮的升降机构、控制设备和保险设备必须完好，并经常进行检查和维修保养。

六、吊装作业

（一）作业分级

吊装作业按照吊装重物质量（m）不同分为：

(1) 一级吊装作业：$m>100t$。

(2) 二级吊装作业：$40t \leqslant m \leqslant 100t$。

(3) 三级吊装作业：$m<40t$。

（二）作业要求

(1) 三级以上的吊装作业，应制定吊装作业方案。吊装物体质量虽不足 40t，但形状复杂、刚度小、长径比大、精密贵重，以及在作业条件特殊的情况下，也应制定吊装作业方案，吊装作业方案应经审批。

(2) 吊装现场应设置安全警戒标志，并设专人监护，非作业人员禁止入内，安全警戒标志应符合《安全标志及其使用导则》（GB 2894—2008）的规定。

(3) 不应靠近输电线路进行吊装作业。确需在输电线路附近作业时，起重机械的安全距离应大于起重机械的倒塌半径并符合《电力建设安全工作规程第 2 部分：电力线路》（DL 5009.2—2013）的要求；不能满足时，应停电后再进行作业。吊装场所如有含危险物料的设备、管道等时，应制定详细吊装方案，并对设备、管道采取有效防护措施，必要时停车，放空物料，置换后进行吊装作业。

(4) 大雪、暴雨、大雾及六级以上风时，不应露天作业。

(5) 作业前，作业单位应对起重机械、吊具、索具、安全装置等进行检查，确保其处于完好状态。

(6) 应按规定负荷进行吊装，吊具、索具应经计算选择使用，不应超负荷吊装。

(7) 不应利用管道、管架、电杆、机电设备等作为吊装锚点。未经土建专业审查核算，不应将建筑物、构筑物作为锚点。

(8) 起吊前应进行试吊，试吊中检查全部机具、地锚受力情况，发现问题应将吊物放回地面，排除故障后重新试吊，确认正常后方可正式吊装。

(9) 指挥人员应佩戴明显的标志，并按《起重机　手势信号》（GB/T 5082—2019）规定的联络信号进行指挥。

(10) 起重机械操作人员应遵守如下规定：

①按指挥人员发出的指挥信号进行操作；任何人发出紧急停车信号后均应立即执行；吊装过程中出现故障，应立即向指挥人员报告。

②重物接近或达到额定起重吊装能力时，应检查制动器，用低高度、短行程试吊后，再吊起。

③利用两台或多台起重机械吊运同一重物时应保持同步，各台起重机械所承受的载荷不应超过各自额定起重能力的80%。

④下放吊物时，不应自由下落（溜）；不应利用极限位置限制器停车。

⑤不应在起重机械工作时对其进行检修；不应在有载荷的情况下调整起升变幅机构的制动器。

⑥停工和休息时，不应将吊物、吊笼、吊具和吊索悬在空中。

⑦以下情况不应起吊：

a. 无法看清场地、吊物，指挥信号不明。

b. 起重臂吊钩或吊物下面有人，吊物上有人或浮置物。

c. 重物捆绑、紧固、吊挂不牢，吊挂不平衡，绳打结，绳不齐，斜拉重物，棱角吊物与钢丝绳之间没有衬垫。

d. 重物质量不明，与其他重物相连，埋在地下，与其他物体冻结在一起。

e. 在制动器、安全装置失灵、吊钩螺母防松装置损坏、钢丝绳损伤达到报废标准等情况下禁止起重操作。

f. 室外作业遇到大雪、暴雨、大雾及6级以上大风时，不得进行吊装作业。

g. 吊装作业时，吊装作业单位和吊装作业区域所在单位应同时安排作业监护人。

(11) 司索人员应遵守如下规定：

①听从指挥人员的指挥，并及时报告险情。

②不应用吊钩直接缠绕重物及将不同种类或不同规格的索具混在一起使用。

③吊物捆绑应牢靠，吊点和吊物的重心应在同一垂直线上；起升吊物时应检查其连接点是否牢固、可靠；吊运零散件时，应使用专门的吊篮、吊斗等器具，吊篮、吊斗等不应装满。

④起吊重物就位时，应与吊物保持一定的安全距离，用拉伸杆或撑杆、钩子辅助其就位。

⑤起吊重物就位前，不应解开吊装索具。

⑥中与司索人员有关的不应起吊的情况，司索人员应做相应处理。

(12) 用定型起重机械（例如履带吊车、轮胎吊车、桥式吊车等）进行吊装作业时，还应遵守该定型起重机械的操作规程。

(13) 作业完毕应做如下工作：

①将起重臂和吊钩收放到规定位置，所有控制手柄均应放到零位，电气控制的起重机械的电源开关应断开。

②对在轨道上作业的吊车，应将吊车停放在指定位置有效锚定。

③吊索、吊具应收回，放置到规定位置，并对其进行例行检查。

七、临时用电作业

(1) 在运行的生产装置、罐区和具有火灾爆炸危险场所内不应接临时电源，确需时应对周围环境进行可燃气体检测分析，分析结果应符合动火分析合格标准的要求。

(2) 各类移动电源及外部自备电源，不应接入电网。

(3) 动力和照明线路应分路设置。

(4) 在开关上接引、拆除临时用电线路时，其上级开关应断电上锁并加挂安全警示标牌。

(5) 临时用电应设置保护开关，使用前应检查电气装置和保护设施的可靠性。所有的临时用电均应设置接地保护。

（6）临时用电设备和线路应按供电电压等级和容量正确使用，所用的电器元件应符合国家相关产品标准及作业现场环境要求；临时用电电源施工、安装应符合《建筑与市政施工现场安全卫生与职业健康通用规范》（GB 55034—2022）的有关要求，并有良好的接地。临时用电还应满足如下要求：

①火灾爆炸危险场所应使用相应防爆等级的电源及电气元件，并采取相应的防爆安全措施。

②临时用电线路及设备应有良好的绝缘性，所有的临时用电线路应采用耐压等级不低于500V的绝缘导线。

③临时用电线路经过有高温、振动、腐蚀、积水及产生机械损伤等区域，不应有接头，并应采取相应的保护措施。

④临时用电架空线应采用绝缘铜芯线，并应架设在专用电杆或支架上。其最大弧垂与地面距离，在作业现场不低于2.5m，穿越机动车道不低于5m。

⑤对须埋地敷设的电缆线路应设有走向标志和安全标志。电缆埋地深度不应小于0.7m，穿越道路时应加设防护套管。

⑥现场临时用电配电盘、箱应有电压标识和危险标识，应有防雨设施，盘、箱、门应能牢靠关闭并能上锁。

⑦行灯电压不应超过36V；在特别潮湿的场所或塔、釜、槽、罐等金属设备内作业，临时照明行灯电压不应超过12V。

⑧临时用电设施应安装符合规范要求的漏电保护器，移动工具、手持式电动工具应逐个配置漏电保护器和电源开关。

（7）临时用电单位不应擅自向其他单位转供电或增加用电负荷，以及变更用电地点和用途。

（8）临时用电时间一般不超过15天，特殊情况不应超过一个月。用电结束后，用电单位应及时通知供电单位拆除临时用电线路。

八、动土作业

（1）作业前，应检查工具、现场支撑是否牢固、完好，发现问题应及时处理。

（2）作业现场应根据需要设置护栏、盖板和警告标志，夜间应悬挂警示灯。

（3）在破土开挖前，应先做好地面和地下排水，防止地面水渗入作业层面造成塌方。

（4）作业前应首先了解地下隐蔽设施的分布情况，动土临近地下隐蔽设施时，应使用适当工具挖掘，避免损坏地下隐蔽设施。如暴露出电缆、管线及不能辨认的物品时，应立即停止作业，妥善加以保护，报告动土审批单位处理，经采取措施后方可继续动土作业。

（5）动土作业应设专人监护。挖掘坑、槽、井、沟等作业，应遵守下列规定：

①挖掘土方应自上而下逐层挖掘，不应采用挖底脚的办法挖掘；使用的材料、挖出的泥土应堆放在距坑、槽、井、沟边沿至少1m处，挖出的泥土不应堵塞下水道和窨井。

②不应在土壁上挖洞攀登。

③不应在坑、槽、井、沟上端边沿站立、行走。

④应视土壤性质、湿度和挖掘深度设置安全边坡或固壁支撑。作业过程中应对坑、槽、井、沟的边坡或固壁支撑架随时检查，特别是雨雪后和解冻时期，如发现边坡有裂缝、疏松或支撑有折断、走位等异常情况，应立即停止工作，并采取相应措施。

⑤在坑、槽、井、沟的边缘安放机械、铺设轨道及通行车辆时，应保持适当距离，采取有效的固壁措施，确保安全。

⑥在拆除固壁支撑时，应从下而上进行；更换支撑时，应先装新的，后拆旧的。

⑦不应在坑、槽、井、沟内休息。

（6）作业人员在沟（槽、坑）下作业应按规定坡度顺序进行，使用机械挖掘时不应进入机械旋转半径内；深度大于2m时应设置人员上下的梯子等，保证人员快速进出设施；两个以上作业人员同时挖土时应相距2m以上，防止工具伤人。

（7）作业人员发现异常时，应立即撤离作业现场。

（8）在化工危险场所动土时，应与有关操作人员建立联系；当化工装置突然排放有害物质时，化工操作人员应立即通知动土作业人员停止作业，迅速撤离现场。

（9）施工结束后应及时回填土石，并恢复地面设施。

九、断路作业

（1）作业前，作业申请单位应会同本单位相关主管部门制定交通组织方案，方案应能保证消防车和其他重要车辆的通行，并满足应急救援要求。

（2）作业单位应根据需要在断路的路口和相关道路上设置交通警示标志，在作业区附近设置路栏、道路作业警示灯、导向标等交通警示设施。

（3）在道路上进行定点作业，白天不超过2h、夜间不超过1h即可完工的，在有现场交通指挥人员指挥交通的情况下，只要作业区设置了相应的交通警示设施，即白天设置了锥形交通路标或路栏，夜间设置了锥形交通路标或路栏及道路作业警示灯，可不设标志牌。

（4）在夜间或雨、雪、雾天进行作业应设置道路作业警示灯，警示灯设置要求如下：

①设置的高度应离地面1.5m，不应低于1.0m。

②其设置应能反映作业区的轮廓。

③应能发出150m以外清晰可见的连续、闪烁或旋转的红光。

（5）断路作业结束后，作业单位应清理现场，撤除作业区、路口设置的路栏、道路作业警示灯、导向标等交通警示设施。申请断路单位应检查核实，并报告有关部门恢复交通。

十、化工安全生产过程中显现的问题及相关的原因

（1）化工安全生产中显现的问题。化工安全生产过程中员工的安全意识不高、对相关设备的利用不够科学、对产生的污染废弃物随便乱扔；企业的管理层或领导层过度追求经济利益，不顾员工生命安全，胡乱地指挥，让员工冒险工作导致发生重大事故，并且经常说安全第一，但实际情况是生产第一。

（2）化工生产中发生安全事故时，安全管理员有着不可推卸的责任。但是，他们在企业中具有的权利没有充分地展示，导致他们的权利义务在化工生产过程中被忽略了。员工在生产过程中自我保护的意识很差，经常出现违规操作及违章指挥，平时工作时，凭借以前的经验，不根据实际情况，随意地操作。

（3）化工生产各部门之间缺乏协调配合。化工产品的安全生产管理是一项具有综合性、系统性和复杂性的工作，需要的是化工企业各部门之间的相互配合，只有相互配合，才能共同发现不足并解决问题，提高生产效率。

十一、解决安全问题的措施与对策

（一）完善安全管理制度，对员工进行安全知识教育

一个企业要想得到好的发展，企业内部必须制定合理的规章制度。化工生产企业要想有效解决化工生产中存在的问题，就要根据国家法律，制定完善的安全管理制度，使得操作人员在操作的过程中严格按照规章制度作业，不得违章作业，不遵守这些安全规章制度的可以在薪酬上给予相应处罚。同时，对员工进行安全知识教育，加大安全管理过程中的投资。定期对员工进行安全知识教育，举行安全知识讲座，宣传安全知识，并针对相关安全知识对员工进行考核。这些安全知识包括如何防止减少安全事故的发生、危险化学品识别、有毒有害物质的正确处理应对方式、安全生产时安全工具的使用方面的知识，从而增强员工的法律和安全意识，使得企业的员工都能够参与到安全管理的过程中去。对于从事危险岗位的人员，则要要求他们出示岗位操作合格证明。

（二）对化工生产中易发生的安全事故做好安全防护措施

化工企业要充分做好安全事故的防范工作，就要做好安全防护措施，增加安全生产设施设备的资金投入，使得整个生产过程可以高效安全地完成，为生产创造一个安全的运行环境。对危险的原料产品要分开处理，现场操作时，做好现场施救方案的策划，使得化学事故在发生时可得到有效救援。

（三）废旧化工安全装置拆除时，做好安全管理工作

废旧化工装置在拆除时，很容易发生一些安全事故。因此，在废旧化工装置拆除时，要根据拆除装置的实际情况，制定出合理的、安全的操作方案和拆除过程中会出现的不安全问题的一些防护措施；拆除过程中要注意保持装置整体的干净和清洁性，把易燃易爆的物品移开，最后由专业人员进行拆除。

（四）加强对市场中设备安全的整治力度

首先，在化工生产中，要加大对设备安全的检查力度，对不符合生产规范、不安全的设备都要严加把关，直到设备符合安全生产的条件为止，如果不符合，就强制性关闭。不受利益的鼓动诱惑而忽略安全生产的重要性。其次，对生产过程中出现的事故要严加查处，并给予相关负责人员一定的处罚，对那些发生过严重安全事故的企业还要根据法律依法追究责任。

（五）充分利用媒体、社会舆论的监督作用

化工生产中安全事故造成的人员伤亡数量、企业安全制度的完善性，这些都需要社会舆论和媒体的报道，通过媒体对事故的真实报道和社会群众的监督，来增强企业的安全防护意识。总体来说，企业必须平衡好安全生产和经济利益之间的关系，及时发现不安全的生产因素，并积极采取治理措施。

同步强化训练

单项选择题

1. 下列作业中，不属于化学品生产单位特殊作业的是（　　）。
   A. 动火作业　　　　　　　　　　B. 喷漆作业
   C. 高处作业　　　　　　　　　　D. 吊装作业

2. 在化学品生产单位内交通主、支路与车间引道上进行工程施工、吊装、吊运等各种影响正常交通的作业属于（　　）。
   A. 吊装作业 B. 断路作业
   C. 动土作业 D. 盲板抽堵作业

3. 下列解决安全问题的措施与对策中，不属于完善安全管理制度的是（　　）。
   A. 对员工进行安全知识教育
   B. 举行安全知识讲座
   C. 对员工进行考核
   D. 增加安全生产设施设备的资金投入

4. 某化工企业脱硫工段计划在富液槽（高6m、直径7m的圆弧顶密闭容器）上安装残液回收管，需要进行动火作业。下列不安全因素中，不属于动火作业过程常见的不安全因素的是（　　）。
   A. 高处动火没有有效的作业平台
   B. 动火作业过程，监护人随意离开现场
   C. 动火作业前，未进行安全技术交底
   D. 动火作业结束后，未对现场进行检查验收

>>> **参考答案及解析** <<<

单项选择题

1. 【答案】B
   【解析】特种作业是化学品生产单位设备检修过程中可能涉及的动火、进入受限空间、盲板抽堵、高处作业、吊装、临时用电、动土、断路等，对操作者本人、他人及周围建（构）筑物、设备、设施的安全可能造成危害的作业。

2. 【答案】B
   【解析】断路作业是指在化学品生产单位内交通主、支路与车间引道上进行工程施工，吊装、吊运等各种影响正常交通的作业。

3. 【答案】D
   【解析】选项D属于对化工生产中易发生的安全事故做好安全防护措施的内容。

4. 【答案】C
   【解析】动火作业过程中常见不安全行为、不安全状态主要表现在：
   （1）作业地点周边存在影响动火作业安全的其他作业，如刷漆作业，现场不配备灭火设施等。
   （2）动火作业过程，监护人随意离开现场，离开现场不通知作业人员停止作业；监护人在监护现场做与监护无关的事情，如玩手机、看报纸等，对现场的不安全行为和不安全状态视而不见，起不到监护作用。
   （3）高处动火作业不采取防火花飞溅的措施，高处动火没有有效的作业平台，不系安全带或安全带系挂不规范。
   （4）动火作业结束后，对现场不进行检查验收等。

第五章
化学品储运安全技术

运用化工安全相关技术和标准,掌握重点监管的危险化学品包装、储存、装卸、运输安全技术要求,对包装、储存、装卸、运输作业中的风险进行辨识,制定并实施安全技术措施;了解其他化学品包装、储存、装卸、运输过程中的安全技术要求。

第一节　化工企业常用储存设施及安全附件

一、常用储罐

(一) 立式拱顶罐

立式拱顶罐是立式圆筒形储罐中的一种。由于具有容易施工、造价低、节省钢材等优点而得到了广泛的应用。它由带弧形的罐顶、圆筒形罐壁及平罐底组成。因为罐顶以下的气相空间大，油品的蒸发损耗会加大，所以立式拱顶罐不宜储存挥发性较高的化学品，适宜于储存挥发性较低的化学品。

(二) 浮顶罐

浮顶罐是带有浮顶、上部敞口的立式圆筒形罐，它利用浮顶把液面和大气隔开，因而大大减少了化学品的蒸发损耗，降低了化学挥发对大气环境的污染，并减少了火灾危险性，因此浮顶罐被各油田、炼厂和油库广泛应用于储存原油、汽油和其他易挥发油。

浮顶罐的浮顶与罐壁间是相对运动的，因此浮顶罐罐壁圈板间的焊接方式应采用对接式，要保证罐内壁平滑，以利于浮顶上下运动顺畅。浮顶罐是敞口容器，为使储罐在风载作用下保持其圆度，不致使罐壁出现局部失稳，即被风局部吹瘪现象，常在浮顶罐罐壁的顶圈设置抗风圈。

(三) 内浮顶罐

内浮顶罐是装有浮顶的拱顶罐。它兼有拱顶罐防雨、防尘和浮顶罐降低蒸发损耗的优点，因而在化工企业中多用于储存航空汽油、汽油、溶剂油、甲醇、MTBE等品质较高的易挥发油品。

(四) 卧罐

卧式圆筒形储罐一般简称为卧罐。与立式圆筒形储罐相比，卧罐的容量小，承压能力范围大，广泛被用作各种生产过程中的工艺容器。卧罐可用于储存各种油料和化工产品，如汽油、柴油、液化石油气、丙烷、丙烯等。卧罐的结构包括筒体和封头，通常卧罐放置在两个对称的马鞍形支座上。

(五) 球罐

球罐是一种压力储罐，在化工企业中被广泛应用于储存液化气体和其他低沸点油品。球罐由球壳、支柱、拉杆、顶部操作台及球罐附件组成。球壳是球罐的主体，可分为带式球壳和足球式球壳。

二、储罐附件

(一) 储罐一般附件

在各种储罐上，通常都装有下列一般附件。

(1) 扶梯和栏杆。扶梯是专供操作人员上罐检尺、测温、取样、巡检而设置的。它有直梯和旋梯两种。一般来说，小型储罐用直梯，大型储罐用旋梯。

(2) 人孔。人孔是供清洗和维修储罐时，操作人员进出储罐而设置的。一般立式罐的人孔都装在罐壁最下层圈板上，且和罐顶上方采光孔相对。

(3) 透光孔。透光孔又称采光孔，是供储罐清洗或维修时采光和通风而设置的。

(4) 量油孔。量油孔是为检尺、测温、取样而设置的，安装在罐顶平台附近。

(5) 脱水管。脱水管也称放水管,它是专门为排除罐内水杂质和清除罐底污油残渣而设置的。放水管在罐外一侧装有阀门,为防止脱水阀不严或损坏,通常安装两道阀门。冬天应做好脱水阀门的保温,以防冻凝或阀门冻裂。

(6) 泡沫发生器。空气泡沫发生器是安装于储罐顶层圈板上用来产生空气泡沫的装置。泡沫发生器在每个储罐设置不少于2个,平时它与储罐通过密封玻璃隔开,一旦储罐发生火灾,经管线导入的泡沫液流经产生器时将空气吸入,并与泡沫混合形成空气泡沫,冲破密封玻璃,流入罐内,覆盖在物料液面上,窒息灭火。

(7) 接地线。接地线是消除储罐静电的装置。

(二) 轻质油储罐专用附件

轻质油(包括汽油、煤油、柴油等)属黏度小、质量轻、易挥发的油品,盛装这类油品的储罐,都装有符合它们特性并满足生产和安全需要的各种储罐专用附件。

(1) 储罐呼吸阀。储罐呼吸阀是保证储罐安全使用,减少油品损耗的重要附件。

(2) 液压安全阀。液压安全阀是为提高储罐安全使用性能的重要附件,它的工作压力比机械呼吸阀要高出5%~10%。正常情况下它是不动的,当机械呼吸阀因阀盘锈蚀或卡住而发生故障或油罐收付作业异常而出现罐内超压或真空度过大时,它将起到安全密封储罐和防止油罐损坏的作用。

(3) 阻火器。阻火器又称储罐防火器,是储罐的防火安全设施,它装在机械呼吸阀或液压安全阀下面,内部装有许多铜、铝或其他高热溶金属制成的丝网或皱纹板。当外来火焰或火星通过呼吸阀进入防火器时,金属网或皱纹板能迅速吸收燃烧物质的热量,使火焰或火星熄灭,防止油罐着火。

(4) 喷淋冷却装置。储罐设置喷淋冷却装置(系统)是为了对储罐进行保护。一方面,火灾发生时,需要对着火储罐和临近罐采取消防冷却应急降温措施;另一方面,因夏季高温需要对储罐实施日常性防护冷却,即防日晒冷却。由于对着火储罐和临近罐冷却用水量及设备要求更高,所以前者冷却系统调节水量后可兼作防日晒冷却。

(三) 内浮顶罐专用附件

内浮顶罐和一般拱顶罐相比,由于结构不同,并根据其使用性能要求,它装有独特的各种专用附件。

(1) 通气孔。内浮顶油罐由于内浮盘盖住了油面,油气空间基本消除,因此蒸发损耗很少,所以罐顶上不设机械呼吸阀和安全阀。但在实用中,浮顶环形间隙或其他附件接合部位,仍然难免有油气泄漏之处,为防止油气积聚达到危险程度,在油罐顶和罐壁上都开有通气孔。

(2) 静电导出装置。内浮顶罐在进出油作业过程中,浮盘上积聚了大量静电荷,因为浮盘和罐壁间多用绝缘物作密封材料,所以浮盘上积聚的静电荷不可能通过罐壁导走。为导走这部分静电荷,在浮盘和罐顶之间安装了静电导出线,一般为两根软铜裸绞线,上端和采光孔相连,下端压在浮盘的盖板压条上。

(3) 防转钢绳。为了防止油罐壁变形导致浮盘转动影响平稳升降,在内浮顶罐的罐顶和罐底之间垂直地张紧两条不锈钢缆绳,两根钢绳在浮顶直径两端对称布置。浮顶在钢绳限制下,只能垂直升降,因而防止了浮盘转动。

(4) 自动通气阀。自动通气阀设在浮盘中部位置,它是为保护浮盘处于支撑位置时,油罐进出油料时能正常呼吸,防止浮盘以下部分出现抽空或憋压而设。

(5) 浮盘支柱。内浮顶罐使用一段时间后,浮顶需要检修,储罐需要清洗,这时浮顶就需降到距罐底一定高度,由浮盘上若干支柱来支撑。

(6) 扩散管。扩散管起到油罐收油时降低流速,保护浮盘支柱的作用。

(7) 密封装置及二次密封装置。密封装置是安装在浮盘外缘环板与罐壁间并固定在浮盘上的密封材料,用以减少油品的蒸发损耗,同时还可防止风、沙、雨、雪对油品的污染。

(8) 中央排水管。中央排水管是浮顶罐为了排掉浮顶上的雨水而设置的,它设置于浮顶的下面。它可以随浮顶的高度伸直或折曲,其上端装有单向阀,以防排水管或接头泄漏时倒流到浮顶上。排水管上端与浮顶中央的集水窝相接,下端与管壁底圈上的排水管接合管相连,罐外设阀门,以防排水管泄漏时漏油,平时该阀门关闭,雨天开启。

三、球罐的主要附件、附属设施

压力储罐除应设置梯子、平台、人孔和接管、放水管(也称切水阀),还应有安全阀、压力表、液面计、紧急放空阀、紧急切断阀等。在化工企业中,应用最为广泛的压力储罐是球罐,球罐的主要附件及附属设施主要有以下 6 个部分。

(一) 安全阀

安全阀是为了防止罐内压力突然升高引起严重事故而设置的一种安全附件。当罐内压力超过安全阀定压值时,安全阀自动开启,将罐内的一部分气态液化气排出,使罐内压力降低,当降低到安全阀的关闭压力时,安全阀便自动关闭。

球罐一般设两个安全阀,每个都能满足事故状态下最大释放量的要求。安全阀应垂直安装,并应装在球罐顶部的气相空间部分,或装设在与球罐气相空间相连的管道上。安全阀前后均应设手动全通径切断阀,切断阀口径不应小于安全阀出、入口口径,阀门要保持全开状态并加铅封或锁定。安全阀排放口原则上应接到火炬系统,当受条件限制时,可直接排入大气,但排气管口应高出 8m 范围内储罐罐顶平台 3m 以上。安全阀的定压值不能大于球罐的设计压力。

(二) 压力表

球罐使用的压力表,必须与罐内储存介质相适应,其精度等级不应低于 1.5 级,压力表盘刻度极限值应为最高工作压力的 1.5~3.0 倍,表盘直径不应小于 100 mm。

球罐使用的压力表首次安装使用前应进行校验,之后每半年校验一次,在刻度盘上应标注出最高工作压力的红线以及下次校验日期,校验合格的压力表应加铅封固定。

球罐的压力表应安装在便于观察的位置。每个球罐至少应安装两个压力表,其中一个应安装在球罐顶部。球罐压力表下应设三通旋塞或针型阀,其上应有开启标志和锁紧装置。

(三) 液面计

球罐的液面计应根据储存介质、最高工作压力和温度正确选用。液面计在安装使用前,应进行 1.25~1.5 倍液面计公称压力的液压试验。液面计应安装于便于观察的位置,液面计上最高和最低安全液位应作出明显标示。液面计应实行定期检修制度。当液面计出现下列情况时,应停止使用并进行维修或处理:

(1) 超过检验周期。

(2) 玻璃板(管)上有裂纹、破碎。

(3) 阀件坏死。

(4) 指示不清或出现假液面。

(四) 紧急切断阀

紧急切断阀是安装在球罐进出口管道上、发生事故或异常情况能够快速紧密切断和隔离易燃及有毒物料的阀门。当球罐液位达到或超过高液位限时，紧急切断阀能用于防止物料溢罐。紧急切断阀应容易启动，便于手动开启或关闭。紧急切断阀分为油压式、气压式、电动式及手动式几种类型。

(五) 紧急放空阀

紧急放空阀也称安全阀的副线阀，是紧急状况下泄放罐内压力的设施，其管径不应小于安全阀入口的直径。

(六) 罐底注水设施

罐底注水设施是在球罐底部泄漏时向罐内注水，以减少液化气体的泄漏、降低事故损失的补救措施。

· 典型例题 ·

1. 按形状和结构特征，储罐分为立式圆柱形罐、卧式圆柱形罐和特殊形状罐，下列关于不同储罐的描述中，错误的是（　　）。

   A. 立式拱顶罐是立式圆筒型储罐的一种，由于具有容易施工、造价低、节省钢材等优点而得到广泛的应用

   B. 卧式圆筒形储罐一般简称卧罐。与立式圆筒形储罐相比，卧罐的容积大，承载能力强，被广泛用作各种生产过程中的工艺容器

   C. 球罐是一种压力储罐，在化工企业中被广泛应用于储存液化气体和其他低沸点油品

   D. 浮顶罐是带有浮顶、上部敞口的立式圆筒形罐，它利用浮顶把液面和大气隔开，因而大大减少了化学品的蒸发损耗，降低火灾危险性

   【解析】卧式圆筒形储罐一般简称为卧罐。与立式圆筒形储罐相比，卧罐的容量小，承压能力范围大，广泛被用作各种生产过程中的工艺容器。卧罐可用于储存各种油料和化工产品，如汽油、柴油、液化石油气、丙烷、丙烯等。

2. 球罐的主要附件及附属设施主要有安全阀、压力表、液面计、紧急切断阀、紧急放空阀、罐底注水设施，下列关于安全阀的表述中，不正确的是（　　）。

   A. 安全阀是为了防止因储罐压力突然升高引起严重事故而设置的一种安全附件

   B. 球罐一般设两个安全阀，每个都能满足事故状态下最大释放量的要求

   C. 安全阀应垂直安装，并应装在球罐顶部的气相空间部分，或装设在球罐气相空间连接的管道上

   D. 安全阀前后均应设手动全通径切断阀，切断阀口径不应大于安全阀出、入口口径，阀门要保持全开状态并加铅封或锁定

   【解析】球罐一般设两个安全阀，每个都能满足事故状态下最大释放量的要求。安全阀应垂直安装，并应装在球罐顶部的气相空间部分，或装设在与球罐气相空间相连的管道上。安全阀前后均应设手动全通径切断阀，切断阀口径不应小于安全阀出、入口口径，阀门要保持全开状态并加铅封或锁定。

答案：1.B　2.D

第二节　储罐与气柜的安全技术

一、储罐安全操作

(一) 储罐清洗

需要对储罐进行清洗的情况：

(1) 因检修或技术改造，罐体需动火。

(2) 罐内杂质较多，影响物料质量或影响油罐正常运行与操作。

(3) 储罐储存介质变换，原介质残留会影响生产进行。

(4) 按照相关规定，储罐检查、标定期满，需进入再次进行检查、标定。正常情况下，轻质油罐每三年清洗一次，重质油罐每五年清洗一次。影响产品质量时，可随时进行清洗。如果储罐使用频率较低，到清洗年限后确实较干净，经相关部门确认后，可适当延期使用。因为储罐内盛装的介质为易燃易爆或者是有毒性的物料，所以装有石油或石油产品的储罐在进行机械清洗和人员进入储罐的全过程中，有可能发生火灾、爆炸、缺氧、中毒、窒息或者其他人身伤害事故。

(二) 储罐清洗方法

储罐清洗方法有人工清罐和机械清罐两种。

1. 人工清罐

人工清洗轻质油品（泛指汽油、煤油、柴油、石脑油、溶剂油、苯等）储罐的步骤一般为：倒空罐底油，与油罐相连的系统管线加堵盲板，拆人孔，蒸汽蒸煮，通风置换，进入内部高压水冲洗，清理污物。

人工清洗重油（泛指原油、常压渣油、减压渣油、各种润滑油、蜡油、沥青等）储罐的一般步骤为：倒空罐底油，与油罐相连的系统管线加盲板，拆人孔，通风置换，进入内部清理残油和污物。

人工清罐安全注意事项：

(1) 人工清罐是受限空间作业，要严格执行受限空间作业的要求。

(2) 盲板不可漏加，特别是有氮封设施和加热设施的储罐，如苯、二甲苯、对二甲苯储罐，不仅要在介质管线上加隔离盲板，还要在氮封设施和蒸汽线（或热水线）上加装盲板。

(3) 蒸汽蒸罐时，要控制供汽量。局部过高的温升会使罐内附件（如密封装置）老化、罐壁温度计超过量程而遭到破坏。储罐蒸罐时，为避免突然大幅降温，造成罐内蒸汽短时间凝结形成负压导致储罐凹陷损坏，在蒸罐时要保证罐顶的出汽口畅通，天气突然变化时，也要防止储罐被抽瘪。

(4) 通风置换时，注意检查罐内情况，对盛装石脑油等未经碱洗处理油品的储罐，在罐内防腐层失效的情况下，极有可能存在硫化亚铁，硫化亚铁与空气在常温下会发生化学反应，引起燃烧甚至爆炸事故。必要时可采用局部喷水等降温措施，将放热反应产生的热量带走。

(5) 确保清洗工具和照明设施安全防爆。清理污物时，采用木制品或铜制品等专用工具，不能采用黑色金属制品。

(6) 严禁穿化纤服进入罐内作业。不得使用移动通信工具，人员在罐内走动注意防滑。

(7) 其他防火防爆、防中毒、防静电等措施,参照储罐内防腐施工的安全管理办法执行。

2. 机械清罐

根据《储罐机械清洗作业规范》(SY/T 6696—2014),储罐机械清洗是用临时设置的管线,将回收系统、清洗系统、油水分离系统与清洗油罐及清洗油供给油罐与接收油罐连接在一起,通过设置在清洗油罐上的清洗机,喷射清洗油供给油罐,所供给的清洗油击碎溶解罐内淤渣,用回收系统回收罐内清洗介质及排除部分残留物的过程。我国已制定《外浮顶原油储罐机械清洗安全作业要求》(AQ/T 3042—2013),规定了外浮顶原油储罐机械清洗安全作业的一般要求和工艺要求,适用于地面常压外浮顶原油储罐的机械清洗作业,内浮顶油罐、卧式油罐和拱顶油罐的机械清洗可参照使用。

根据《储罐机械清洗作业规范》(SY/T 6696—2014),被清洗油罐的结构应是能够设置所需数量的清洗机的结构,油罐中应有足够数量、足够尺寸的抽吸管口,油罐具有良好的密封性;拱顶罐安全呼吸阀应能够正常运行,防雷、防静电装置完好。可清洗储罐的类型包括浮顶罐(外浮顶储罐和内浮顶储罐)、拱顶罐、其他罐(包括卧式罐、球形罐等)。清洗油的使用量为清洗油罐内沉淀淤渣的8~10倍以上。

清罐作业过程中的注意事项如下:

(1) 储罐机械清洗队伍要具有机械清罐资质,施工人员应经过专业培训。

(2) 根据罐内具体清洗情况,进罐人员应穿适当的防护服。防护服应有防静电性能,要保证密封性良好,防止皮肤接触罐内气体。另外,还要配备防护帽、防护手套、防护鞋、防护眼镜等。

(3) 施工人员进入气体浓度较高的容器内时,应佩戴呼吸防护用具。

(4) 施工人员在施工区域使用的通信工具和其他工具应是防爆型号,施工区域内的固定照明灯具、移动照明灯具应是防爆灯具,所配备的气体检测仪应能够连续监测清洗油罐内的氧气浓度、可燃气体浓度、有毒气体浓度,手持式检测仪能够监测含氧量、可燃气体、硫化氢、一氧化碳的浓度。

(5) 施工现场用警示带进行隔离,禁止非施工人员入内,同时安装安全标志牌;预留进行作业、检查的安全通道。

(6) 各机器的电机旁、清洗油罐的检修孔旁以及罐顶配置足够的灭火器。

(7) 与固有管线的连接,应安装临时阀门,与原有管线的连接,应使用挠性软管进行过渡连接,而且应在移送管线上安装止回阀,以防止逆流。

(8) 在管线穿越通道时,需用脚手架材料搭成跨道,防止直接踏踩管线。

(9) 蒸汽管线应安装安全阀,同时应进行包覆,以防止烫伤施工人员。

(10) 定期对罐内进行检测,掌握搅拌的效果,随时改变清洗运行计划,有效地推进工程。

(11) 在移送油的过程中,应定期巡视,检查有无漏油处。

(12) 在机泵投入运行时,应按照检查目录进行检查,在运行中需确认并记录电流、压力、运行机器等是否正常。

(13) 打开检修孔时,应使用防爆工具,佩戴呼吸防护用具,采取防止漏油措施,打开侧壁检修孔时,应先从下风侧进行;强制换气应使用防爆换气扇。

(14) 在储罐顶进行器材吊装作业时,应在防风壁上配置起重工,指挥作业。

二、气柜安全技术

(一) 气柜运行过程中容易发生的事故

气柜运行过程中,易发生以下事故:

(1) 活塞倾斜甚至倾翻。引发该事故的主要原因有进柜压力过高、活塞上配重块分布不均、活塞油槽内封油分布不均等。

(2) 活塞泄漏。引发该事故的主要原因有活塞封油失效、活塞油沟油过低、活塞钢板腐蚀穿孔等。

(3) 活塞冒（冲）顶。引发该事故的主要原因有仪表失灵导致收气超高、进柜阀门关闭不严或无法关闭达到安全高度时继续进气等。

(4) 火灾爆炸。引发该事故的原因可能是柜内瓦斯泄漏逸出遇明火。

(5) 人员中毒。引发该事故的主要原因是处理管线或瓦斯泄漏时，没有采取适当的中毒防护措施。

（二）气柜运行安全管理要求

气柜内储存的低压瓦斯不但易燃易爆，而且瓦斯中还含有硫化氢，所以，要引导职工正确操作气柜，确保气柜处于良好的运行状态。

1. 气柜的运行

(1) 气柜应设上、下限位报警装置，进出气柜管道应设自动连锁切断装置。

(2) 气柜活塞升降速度不能太快，20 000m^3 的干式气柜的活塞升降速度不能超过 2m/min。

(3) 气柜运行中，每月要测试活塞的倾斜度指标，倾斜度不能超过工艺卡片规定的数值。

(4) 气柜密封油每周要对其闪点分析一次，每月对其黏度分析一次，各项技术指标要符合技术要求。

(5) 气柜的电梯、吊笼等重要附属设施，要建立定期试验制度，保证其完好备用。

(6) 气柜的柜容指示仪表至少要有两种测量方式。

(7) 气柜活塞上部要设可燃气体报警仪表。

(8) 气柜的静电接地电阻每半年检测一次，发现不合格时，立即整改。

2. 气柜的运行管理

(1) 加强对气柜运行的监控，进柜压力不能超过工艺卡片规定的数值。

(2) 每日检查一次活塞导轮运行情况。导轮应运行灵活、轻松，导轮与导轨垂直运动时应紧贴滑板、无声响。每周两次对导轮加注润滑脂。

(3) 装置开停工吹扫瓦斯管线，严禁向柜内吹扫，禁止蒸汽进入气柜内。

(4) 每日检查一次活塞防回转装置。防回转装置不准松动、脱槽、卡住，与滑道接触面不能严重磨损。

(5) 气柜运行过程中，严禁打开运行高度以下的柜壁门。

(6) 气柜运行中，应每天观察柜顶部活塞运行情况，出现卡阻，要及时处理。

(7) 每2h检查一次油泵房内封油泵的运行情况，记录封油泵启动次数。

(8) 冬季及时启用柜底油沟的加温措施，将封油温度控制在20～30℃，以保证封油的流动性。

(9) 监控好柜容及进柜压力，每2h记录一次。

(10) 气柜运行中，遇有下面的情况时，应关闭进柜阀门，停止向柜内进气：

①柜内储气量达到允许上限。

②主要仪表及主要设备发生故障，操作不能控制。

③供油系统停电或出现故障且4h以内不能恢复。

④催化装置的气压机需要紧急、大量放空，或各装置大量排放带有凝缩油的瓦斯。

⑤低瓦管网需要蒸汽吹扫。

⑥气柜活塞油槽油位突然下降,密封失效。
⑦火炬水封罐水位下降,水封压力小于气柜活塞工作压力。
⑧活塞上升时,柜内压力过高,活塞运动阻力过大或卡住。
⑨活塞倾斜度超标,防回转装置摩擦严重或失控。
⑩活塞上部瓦斯浓度超标,人员无法进柜检查。
⑪封油闪点低于常温,严重威胁生产安全。

(11) 气柜运行中,遇有以下情况时,应停止向外送气:
①柜内储气量达到允许下限。
②主要仪表及主要设备发生故障,操作不能控制。
③活塞运动阻力过大或卡住,柜内压力下降或形成负压。

(12) 气柜运行中,遇有下面的情况,应立即紧急放空:
①供油系统停电或故障,4h 内不能恢复时。
②活塞油槽密封失效,大量瓦斯泄漏到活塞上部空间。
③柜底阀门、人孔或柜壁突然泄漏,无法处理。

(13) 供油系统停电或配电设施发生故障时,应关闭回油管总阀,当柜容较低且停电时间不超过 4h 时,应使用备用油箱向活塞内供油,以保持活塞油沟油位。备用油箱应在停电 0.5h 之内,先打开其中一个备用油箱一侧的阀门,待油流净后再开另一侧阀门。如此操作能维持向活塞内供油 4h。

(14) 若供油系统停电时间超过 4h,应迅速将火炬水封罐内的水撤掉,将柜内低压瓦斯(含装置排放的低压瓦斯)从火炬排放掉。

(三) 气柜的安全管理

气柜的安全管理应以防火防爆、防中毒为重点。

1. 防火防爆

(1) 气柜区域应严格控制机动车辆的通行,执行机动车辆进出许可制度,并且进入气柜区域的车辆必须有合格的火花熄灭设施。

(2) 气柜区域内的作业(指动火、检维修、保温等)要严格执行作业票制度,严禁无票作业、超范围作业。气柜出现紧急情况时,现场人员有权责令停止各种作业。

(3) 与气柜相关的各种操作要使用防爆工具。

(4) 气柜入口处要设置人体静电导除设施。

(5) 巡回检查要注意检查各静密封点有无泄漏,发现隐患及时整改。

(6) 气柜瓦斯管线检修投用前,要用肥皂水对各静密封点试漏,确认无泄漏方可投用。

(7) 气柜瓦斯管线检修投用前,要进行氮气置换。

2. 防中毒

(1) 由于低压瓦斯气体中含有少量硫化氢气体,操作人员在采样、放空、置换时要站在上风口,进柜检查时要注意采取预防中毒保护措施。

(2) 柜内瓦斯报警仪应灵敏可靠,并对其定期校验;发生报警要认真查找原因,严禁随意消警。

(3) 气柜压缩机的放空要采用密闭放空。

· 典型例题 ·

干式气柜通常由柜体、底板、顶盖和活塞四大部分组成。气柜内部的瓦斯是靠密封油来实现密封的。为确保密封油的流动性,冬季要及时启用柜底油沟的加温措施,将封油温度控制在( )。

A. 5~10℃
B. 10~20℃
C. 20~30℃
D. 30~40℃

【解析】冬季及时启用柜底油沟的加温措施,将封油温度控制在20~30℃,以保证封油的流动性。

答案:C

第三节 危险化学品的包装、存储、装卸、运输

针对危险化学品安全管理,应当坚持安全第一、预防为主、综合治理的方针,强化和落实企业的主体责任。

生产、储存重点监管的危险化学品的企业,应根据本企业工艺特点,装备功能完善的自动化控制系统,严格工艺、设备管理。对使用重点监管的危险化学品数量构成重大危险源的企业的生产储存装置,应装备自动化控制系统,实现对温度、压力、液位等重要参数的实时监测。

生产重点监管的危险化学品的企业,应针对产品特性,按照有关规定编制完善的、可操作性强的危险化学品事故应急预案,配备必要的应急救援器材、设备,加强应急演练,提高应急处置能力。

一、危险化学品的包装

危险化学品生产企业应当提供与其生产的危险化学品相符的化学品安全技术说明书,并在危险化学品包装(包括外包装件)上粘贴或者拴挂与包装内危险化学品相符的化学品安全标签。化学品安全技术说明书和化学品安全标签所载明的内容应当符合国家标准的要求。

危险化学品生产企业发现其生产的危险化学品有新的危险特性的,应当立即公告,并及时修订其化学品安全技术说明书和化学品安全标签。危险化学品的包装应当符合法律、行政法规、规章的规定及国家标准、行业标准的要求。危险化学品包装物、容器的材质,以及危险化学品包装的型式、规格、方法和单件质量(重量),应当与所包装的危险化学品的性质和用途相适应。

生产列入国家实行生产许可证制度的工业产品目录的危险化学品包装物、容器的企业,应当依照《中华人民共和国工业产品生产许可证管理条例》的规定,取得工业产品生产许可证;其生产的危险化学品包装物、容器,经国务院质量监督检验检疫部门认定的检验机构检验合格,方可出厂销售。运输危险化学品的船舶及其配载的容器,应当按照国家船舶检验规范进行生产,并经海事管理机构认定的船舶检验机构检验合格,方可投入使用。危险货物运输的一般要求可参看《危险货物运输包装通用技术条件》(GB 12463—2009)。

对重复使用的危险化学品包装物、容器,使用单位在重复使用前应当进行检查;发现存在安全隐患的,应当维修或者更换。使用单位应当对检查情况作出记录,记录的保存期限不得少于2年。

危险化学品包装物有害因素识别：

（1）包装的结构是否合理、有一定的强度，防护性能是否好。包装的材质、型式、规格、方法和单件质量（重量），是否与所装危险货物的性质和用途相适应，以便于装卸、运输和储存。

（2）包装的构造和封闭形式是否能承受正常运输条件下的各种作业风险，不应因温度、湿度或压力的变化而发生任何渗（撒）漏，包装表面不允许黏附有害的危险物质。

（3）包装与内装物直接接触部分是否有内涂层或进行防护处理，包装材质是否与内装物发生化学反应而形成危险产物或导致削弱包装强度。内容器是否固定。

（4）盛装液体的容器是否能经受在正常运输条件下产生的内部压力。灌装时是否留有足够的膨胀余量（预留容积），除另有规定外，能否保证在温度55℃时，内装液体不致完全充满容器。

（5）包装封口是否根据内装物性质采用严密封口、液密封口或气密封口。

（6）盛装需浸湿或加有稳定剂的物质时，其容器封闭形式是否能有效地保证内装液体（水、溶剂和稳定剂）的百分比，在储运期间保持在规定的范围以内。

（7）有降压装置的包装，其排气孔设计和安装是否能防止内装物泄漏和外界杂质进入，并且排出的气体量不得造成危险和污染环境。

（8）复合包装的内容器和外包装是否紧密贴合，外包装是否会擦伤内容器的凸出物。

（9）盛装爆炸品包装的附加危险、有害因素识别：

①盛装液体爆炸品容器的封闭形式是否具有防止渗漏的双重保护。

②除内包装能充分防止爆炸品与金属物接触外，铁钉和其他没有防护涂料的金属部件是否能穿透外包装。

③双重卷边接合的钢桶、金属桶或以金属作衬里的包装箱是否能防止爆炸物进入缝隙。钢桶或铝桶的封闭装置是否有合适的垫圈。

④包装内的爆炸物质和物品，包括内容器，必须衬垫妥实，在运输中不得发生危险性移动。

⑤盛装有对外部电磁辐射敏感的电引发装置的爆炸物品，包装应具备防止所装物品受外部电磁辐射源影响的功能。

二、危险化学品的储存

国家对危险化学品的生产、储存实行统筹规划、合理布局。

生产、储存危险化学品的单位，应当对其铺设的危险化学品管道设置明显标志，并对危险化学品管道定期进行检查、检测。

危险化学品不可以随意存放。防止在危险化学品储存区和作业场所存在火灾、爆炸和中毒等风险。实际上，危险化学品储存区存在的化学品更多，情况更复杂，发生化学品泄漏、不互容性化学品混合的危险性更高。化学品的多样性也造成了作业人员忽视处置危险化学品时存在的风险。

危险化学品生产装置或者储存数量构成重大危险源的危险化学品储存设施（运输工具、加油站、加气站除外），与下列场所、设施、区域的距离应当符合国家有关规定：

（1）居住区及商业中心、公园等人员密集场所。

（2）学校、医院、影剧院、体育场（馆）等公共设施。

(3) 饮用水源、水厂及水源保护区。

(4) 车站、码头（依法经许可从事危险化学品装卸作业的除外）、机场，以及通信干线、通信枢纽、铁路线路、道路交通干线、水路交通干线、地铁风亭及地铁站出入口。

(5) 基本农田保护区、基本草原、畜禽遗传资源保护区、畜禽规模化养殖场（养殖小区）、渔业水域及种子、种畜禽、水产苗种生产基地。

(6) 河流、湖泊、风景名胜区、自然保护区。

(7) 军事禁区、军事管理区。

(8) 法律、行政法规规定的其他场所、设施、区域。

储存数量构成重大危险源的危险化学品储存设施的选址，应当避开地震活动断层和容易发生洪灾、地质灾害的区域。

让不互容性化学品互相远离仅仅是危险化学品储存区域安全措施之一，另一个必要的措施是确保化学品储存在适当的包装容器内。例如：易燃液体应储存在防火或耐燃的安全容器内而不是普通塑料容器内，并定期检查，以免发生泄漏。在许多情况下，易燃物储存包装必须符合防火标准的要求。

化学危险物品必须储存在专用仓库、专用场地或专用储存室（柜）内，并设专人管理。化学危险品专用仓库，应当符合有关安全、防火规定，并根据物品的种类、性质，设置相应的通风、防爆、泄压、防火、防雷、报警、灭火、防晒、调温、消除静电、防护围堤等安全设施。化学危险物品应当分类分项存放，堆垛之间的主要通道应当有安全距离，不得超量储存。遇火、遇潮容易燃烧、爆炸或产生有毒气体的化学危险物品，不得在露天、潮湿、漏雨和低洼容易积水的地点存放。受阳光照射容易燃烧、爆炸或产生有毒气体的化学危险物品和桶装、罐装等易燃易爆液体、气体应当在阴凉通风地点存放。

灭火方法相互抵触的化学危险物品，不得在同一仓库或同一储存室内存放。储存化学危险物品的仓库内严禁吸烟和使用明火，对进入仓库区的机动车辆必须采取防火措施。储存化学危险物品的仓库，应当根据消防条例，配备消防力量和灭火措施及通信、报警装置。

数量大的易燃液体可能需要用储罐储存，储罐必须可靠接地以防火灾。也可以考虑通过以下方法增加化学品储存区域的安全性：

(1) 将用大瓶保存的酸类化学品放置在储架的下方，便于取用。

(2) 将储存液体的容器放置在储存干燥物品的下面位置。

(3) 桶装储存的，不要叠放。

化学品存储安全检查内容如下：

(1) 在入库或出库前，应仔细核对化学品安全技术说明书，找出避免接触的事物（光、水、空气、高或低的温度、其他化学药品），防止发生危险反应。

(2) 合理规划储存区域，避免运送不互容性化学品经过。

(3) 储存物品与消防喷淋装置之间应保持 45.72cm 的距离——如果储存的是易燃液体，应保持 91.44cm 的距离。

(4) 取用化学品后应密闭容器。

(5) 处置化学品时，应穿戴适当的个体防护装备。核对化学品安全技术说明书（MSDS）中的指示信息。如果处置密闭容器，那么应穿戴适当的防护手套和安全防护目镜。当用储罐或小型容器运输危险化学品时，储罐或小型容器应可靠接地。

> **· 典型例题 ·**
>
> 下列方法措施中，能够增加化学品储存区域的安全性的有（　　）。
>
> A. 将用大瓶保存的酸类化学品放置在储架的下方，便于取用
> B. 将储存液体的容器放置在储存干燥物品的下面位置
> C. 桶装储存时可以叠放
> D. 桶装储存时不能叠放
> E. 将用大瓶保存的酸类化学品放置在储架的上方，便于存放
>
> 【解析】数量大的易燃液体可能需要用储罐储存，储罐必须可靠接地以防火灾，也可以考虑以下方法来增加化学品储存区域的安全性：
> （1）将用大瓶保存的酸类化学品放置在储架的下方，便于取用。
> （2）将储存液体的容器放置在储存干燥物品的下面位置。
> （3）桶装储存的，不要叠放。
>
> 答案：ABD

三、危险化学品的装卸与运输

（一）基本要求

（1）危险化学品道路运输企业、水路运输企业的驾驶人员、船员、装卸管理人员、押运人员、申报人员、集装箱装箱现场检查人员应当经交通运输主管部门考核合格，取得从业资格。

危险化学品的装卸作业应当遵守安全作业标准、规程和制度，并在装卸管理人员的现场指挥或者监控下进行。水路运输危险化学品的集装箱装箱作业应当在集装箱装箱现场检查人员的指挥或者监控下进行，并符合积载、隔离的规范和要求；装箱作业完毕后，集装箱装箱现场检查人员应当签署装箱证明书。

（2）运输危险化学品，应当根据危险化学品的危险特性采取相应的安全防护措施，并配备必要的防护用品和应急救援器材。用于运输危险化学品的槽罐以及其他容器应当封口严密，能够防止危险化学品在运输过程中因温度、湿度或者压力的变化发生渗漏、洒漏；槽罐以及其他容器的溢流和泄压装置应当设置准确、启闭灵活。

运输危险化学品的驾驶人员、船员、装卸管理人员、押运人员、申报人员、集装箱装箱现场检查人员，应当了解所运输的危险化学品的危险特性及其包装物、容器的使用要求和出现危险情况时的应急处置方法。

（3）通过道路运输危险化学品的，托运人应当委托依法取得危险货物道路运输许可的企业承运。

通过道路运输危险化学品的，应当按照运输车辆的核定载质量装载危险化学品，不得超载。危险化学品运输车辆应当符合国家标准要求的安全技术条件，并按照国家有关规定定期进行安全技术检验。危险化学品运输车辆应当悬挂或者喷涂符合国家标准要求的警示标志。

通过道路运输危险化学品的，应当配备押运人员，并保证所运输的危险化学品处于押运人员的监控之下。运输危险化学品途中因住宿或者发生影响正常运输的情况，需要较长时间停车的，驾驶人员、押运人员应当采取相应的安全防范措施；运输剧毒化学品或者易制爆危险化学品的，还应当向当地公安机关报告。

未经公安机关批准，运输危险化学品的车辆不得进入危险化学品运输车辆限制通行的区域。危险化学品运输车辆限制通行的区域由县级人民政府公安机关划定，并设置有明显的标志。

通过道路运输剧毒化学品的，托运人应当向运输始发地或者目的地县级人民政府公安机关申请剧毒化学品道路运输通行证。申请剧毒化学品道路运输通行证，托运人应当向县级人民政府公安机关提交下列材料：

①拟运输的剧毒化学品品种、数量的说明。

②运输始发地、目的地、运输时间和运输路线的说明。

③承运人取得危险货物道路运输许可、运输车辆取得营运证以及驾驶人员、押运人员取得上岗资格的证明文件。

④《危险化学品安全管理条例》规定的购买剧毒化学品的相关许可证件，或者海关出具的进出口证明文件。

剧毒化学品、易制爆危险化学品在道路运输途中丢失、被盗、被抢或者出现流散、泄漏等情况的，驾驶人员、押运人员应当立即采取相应的警示措施和安全措施，并向当地公安机关报告。

（4）通过水路运输危险化学品的，应当遵守法律、行政法规以及国务院交通运输主管部门关于危险货物水路运输安全的规定。

拟交付船舶运输的化学品的相关安全运输条件不明确的，货物所有人或者代理人应当委托相关技术机构进行评估，明确相关安全运输条件并经海事管理机构确认后，方可交付船舶运输。

禁止通过内河封闭水域运输剧毒化学品以及国家规定禁止通过内河运输的其他危险化学品。此外的内河水域，禁止运输国家规定禁止通过内河运输的剧毒化学品以及其他危险化学品。

通过内河运输危险化学品，应当由依法取得危险货物水路运输许可的水路运输企业承运，其他单位和个人不得承运。托运人应当委托依法取得危险货物水路运输许可的水路运输企业承运，不得委托其他单位和个人承运。

通过内河运输危险化学品，应当使用依法取得危险货物适装证书的运输船舶。水路运输企业应当针对所运输的危险化学品的危险特性，制定运输船舶危险化学品事故应急救援预案，并为运输船舶配备充足、有效的应急救援器材和设备。

通过内河运输危险化学品的船舶，其所有人或者经营人应当取得船舶污染损害责任保险证书或者财务担保证明。船舶污染损害责任保险证书或者财务担保证明的副本应当随船携带。

通过内河运输危险化学品，危险化学品包装物的材质、型式、强度以及包装方法应当符合水路运输危险化学品包装规范的要求。

用于危险化学品运输作业的内河码头、泊位应当符合国家有关安全规范，与饮用水取水口保持国家规定的距离。

船舶载运危险化学品进出内河港口，应当将危险化学品的名称、危险特性、包装以及进出港时间等事项，事先报告海事管理机构。

在内河港口内进行危险化学品的装卸、过驳作业，应当将危险化学品的名称、危险特性、包装和作业的时间、地点等事项报告港口行政管理部门。

载运危险化学品的船舶在内河航行，通过过船建筑物的，应当提前向交通运输主管部门申报，并接受交通运输主管部门的管理。

载运危险化学品的船舶在内河航行、装卸或者停泊，应当悬挂专用的警示标志，按照规定显示专用信号。

载运危险化学品的船舶在内河航行，按照国务院交通运输主管部门的规定需要引航的，应当申请引航。

载运危险化学品的船舶在内河航行，应当遵守法律、行政法规和国家其他有关饮用水水源保护的规定。内河航道发展规划应当与依法经批准的饮用水水源保护区划定方案相协调。

（5）托运危险化学品的，托运人应当向承运人说明所托运的危险化学品的种类、数量、危险特性以及发生危险情况的应急处置措施，并按照国家有关规定对所托运的危险化学品妥善包装，在外包装上设置相应的标志。

运输危险化学品需要添加抑制剂或者稳定剂的，托运人应当添加，并将有关情况告知承运人。

托运人不得在托运的普通货物中夹带危险化学品，不得将危险化学品匿报或者谎报为普通货物托运。

任何单位和个人不得交寄危险化学品或者在邮件、快件内夹带危险化学品，不得将危险化学品匿报或者谎报为普通物品交寄。邮政企业、快递企业不得收寄危险化学品。

（6）通过铁路、航空运输危险化学品的安全管理，依照有关铁路、航空运输的法律、行政法规、规章的规定执行。

（二）对装卸操作人员的工作要求

（1）在危险化学品进行装卸前，要根据有关要求检查车辆的资质和安全附件是否齐全。

（2）装卸危险化学品，必须由经过培训合格的人员负责，其他人不得擅自操作。

（3）操作人员在装卸危险化学品期间不得脱离岗位，当班不能装卸完毕或有紧急情况需交下一班次或其他人继续装卸时，一定要以书面的形式交代清楚，防止发生物料的泄漏。

（4）装卸、搬运危险化学品时应做到轻装、轻卸。严禁摔、碰、撞击、拖拉、倾倒和滚动。

（5）装卸对人体有毒害及腐蚀性物品时，操作人员应具有操作毒害品的一般知识，操作时轻拿轻放，不得碰撞、倒置，防止包装破损物料外溢。操作人员应戴防护眼镜、佩戴胶皮手套和相应的防毒口罩或面具，穿防护服。

（6）作业中不得饮食，不得用手擦嘴、脸、眼睛。每次作业完毕，应及时用肥皂（或专用洗涤剂）洗净面部、手部，用清水漱口，防护用具应及时清洗，集中存放。

（7）装卸易燃液体时需穿防静电工作服，禁止穿带铁钉的鞋子。桶装的易燃液体物料不得在水泥地面滚动。桶装的各种氧化剂也不得在水泥地面滚动。

（8）各项操作不得使用沾染油污及异物和能产生火花的机具，作业现场需远离热源和火源。

（9）装卸危险化学品时，操作人员不得做与工作无关的事情，集中精力注意装卸的情况，以便于出现异常情况时，及时采取应急措施。

（10）工作前应认真检查所用工具是否完好可靠，开启易燃易爆的桶装物料的桶盖时，应使用铜或者铜铝合金的专业扳手。

（11）各车辆装卸点所配备的消防器材及急救药品，要进行经常性的检查，确保其有效完好；如存在失效、数量不够等现象，要及时报告。

（12）应熟练掌握装卸过程中的一般事故处理方法和防护用具、消防器材的使用方法。

（三）对运输槽车随车人员的工作要求

（1）汽车危险货物运输、装卸应符合《危险货物道路运输规则》（JT/T 617）的有关规定。

（2）从事危险货物运输、装卸的人员，必须按国家有关规定进行岗位培训，凭专业岗位操作证书上岗作业。

（3）从事危险货物运输、装卸人员对所运危险货物要掌握其化学和物理性质及应急措施。

（4）运输、装卸作业时，必须正确使用劳动防护用品。

（5）进入装卸作业区前，必须安装防火罩，不准随身携带火种，装卸易燃易爆危险货物时，不准穿带有铁钉的工作鞋和穿着易产生静电的工作服。

（6）车辆进入危险货物装卸作业区，驾驶员应按有关安全规定驶入装卸货区。

（7）车辆停靠货垛时，应听从作业区指定人员的指挥，车辆与货垛之间要留有安全距离；待装、待卸车辆与装卸货物的车辆应保持足够的安全距离并不准堵塞安全通道。驾驶员不准离开车辆。

（8）装卸过程中，车辆的发动机必须熄灭并切断总电源。在有坡度的场地装卸货物时，必须采取防止车辆溜坡的有效措施。

（9）在装卸过程中，驾驶员负责监卸，办理货物交接签证手续时要点收点交。装车完毕，驾驶员必须对货物的堆码、遮盖、捆扎等安全措施及对影响车辆启动的不安全因素进行检查。

（10）装卸过程中需要移动车辆时，应先关上车厢门或栏板。若原地关不上时，必须有人监护，在保证安全情况下才能移动车辆，起步要慢，停炉要稳。

（11）禁止在装卸作业区内维修车辆。

（12）危险货物运达卸货地点后，因故不能及时卸货，在待卸期间，行车人员应会同押运人员负责看管货物。

（13）在装卸点作业的司机及押运员不得擅自脱离车辆，干与工作无关的事，更不得进入其他区域。

（四）装卸作业要求

1. 包装件装卸作业要求

（1）保管员应详细核对货物名称、规格、数量是否与托运单证相符，并认真检查货物包装标志的完整状况。包装不符合安全规定的应拒绝卸车。

（2）装卸操作人员应根据货物包装的类型、体积、重量、件数的情况，并根据包装上储运图示标志的要求，轻拿轻放、谨慎操作，严防跌落、摔碰，禁止撞击、拖拉、翻滚、投掷。同时，必须做到：

①堆码整齐，靠紧妥贴，易于点数。

②堆码时，桶口、箱盖朝上，允许横倒的桶口及袋装货物的袋口应朝里。

③装载平衡，高出栏板的最上一层包装件，堆码时应从车厢两面向内错位骑缝堆码，超出车厢前拦板的部分不得大于包装件高度的1/2。

④装运高出车厢栏板的货物，装车后，必须用绳索捆扎牢固，易滑动的包装件，须用防散失的网罩覆盖并用绳索捆扎牢固或用苫布覆盖严密，须用两块苫布覆盖货物时，中间接缝处须有大于15cm的重叠盖，且车厢前半部分苫布需压在后半部分苫布上。

⑤装有通气孔的包装件，不准倒置、侧置，防止所装货物泄漏或进入杂质造成危害。

（3）机械装卸作业时，必须按核定负荷量减载25%，装卸人员必须服从现场指挥，防止货物剧烈晃动、碰撞、跌落。

（4）不得用同一个车辆运输互为禁忌的物料，包括库内搬运。

（5）装卸时应做到轻装轻放，重不压轻，大不压小，堆放平稳，捆扎牢靠。

（6）装卸操作人员堆放各种固体原料及桶装物料时，不可倾斜，高度要适当，不准将物料堆放在安全通道内。

2. 液体物料的装卸作业要求

（1）装卸液体物料时，运输车辆的储槽的出口与软管的连接处一定要捆绑牢靠，在装卸过程中操作人员一定要坚守岗位，以防止意外泄漏。在装卸物料的过程中严禁车辆随便开动，如需开动爬坡卸料时，必须关闭车槽出口的出口阀，拆除软管。

（2）装卸易燃易爆物料时，车辆须爬坡卸料时，所采用的爬坡设施必须有防止产生火花的安全措施。

（3）装卸易燃可燃液体时，应在阴凉通风处进行，避免在阳光直射、天气炎热的情况下装卸。

（4）装卸易燃可燃液体时，操作人员应全面了解各项安全措施是否到位，包括静电接地线良好接触，充装软管、阀门对接良好，槽车停靠固定物到位等。

（5）装卸作业时，必须先将车体有效接地，静止2min后取样卸料。

（6）作业完毕，要经过规定的静止时间，才能进行拆除接地线等其他作业。

（7）充装过程中时刻注意槽车液位、压力，坚守现场，随时处置突发情况。

（8）操作人员要自始至终坚守充装现场，充装完毕后检查有关阀门是否关严，确认无误后方可离开现场。

四、危险化学品的包装、存运风险与安全技术措施

（一）危险化学品的风险及主要特性

1. 易燃易爆性

在常温常压下，若有摩擦、撞击、火源、热源等条件存在，易燃易爆化学品可能发生自燃、剧烈燃烧甚至爆炸。易燃易爆化学品的结构和物质组成以及当时的环境条件决定了其燃烧爆炸的能力。

2. 毒害性

化学物质分为脂溶性和水溶性两种，无论是哪一种，有毒的化学物质都能渗入机体并影响机体的正常功能。

3. 突发性

危险化学品事故经常在很短时间内甚至是瞬间发生，时间短，威力大，没有先兆，猝不及防的事故会加重对人员和财产的伤害。

4. 扩散性

有害化学物质溢出之后，会向周围环境中扩散，密度比空气小的可燃性气体在空气中扩散非常迅速，其与空气形成的混合物，随着气流飘荡各处，会使危害蔓延扩大。比空气密度大的物质一般聚集在地表、沟河、角落等地势低洼处，如果长时间积聚不扩散，会存在潜在危险，比如迟发性燃烧、爆炸和人员中毒等。

（二）危险化学品储运安全管理的现状

1. 我国危险化学品储运现状分析

中国当前储存危险化学品库房主要有平房库房存储、储罐式储存、立体库房储存、货场露天存储和货棚存储五种库型，其中平房库房占60%以上的比例，而且我国还规定危险化学品

仓储禁止采用楼房库房。目前，我国大型国有危险化学品企业储运管理水平相对比较高，大多数符合现代化规范，实现了机械化、科学化、自动化作业水平，仓储管理人员的作业素质和责任意识较高，安全作业保证较好。而民营和个体仓储公司一般规模不大，管理水平一般，危险化学品行业人员安全管理意识、管理人员业务水平和管理经验较差。这些公司没有重视对危险化学品进行分库、分区位、分类储存养护，常会把化学性质不一样、灭火方法不一样的危险化学品堆积在同一库房，致使应急管理无法实施，人员的安全责任心无法用安全管理制度落实到实际生产中去，容易导致事故发生。

2. 我国危险化学品运输现状分析

我国危险化学品的运送每年重大事故频发，安全管理状况不佳，不仅造成了国家财产的严重损失，还危害到人民生命安全，其中绝大部分是由缺少资质的个体运送户和非专业从事危险化学品运送的企业所造成。剖析形成危险化学品运输事故的主要原因：首先，驾驶人员违规操作，对危险化学品安全知识掌握较少，对事故的应急处置不当，违背危险化学品运送管理规定，行车过程中乱停乱放、超速、超载行车；其次，驾驶人员未经专业安全培训，缺少专业运送常识，预防认识不足，险情发生时的应急处置能力差。

（三）危险化学品储存与运输的安全管理措施

1. 危险化学品储存的安全管理措施

（1）危险化学品仓库选址。在挑选危险化学品仓库建造地时，应当在远离城市供水源、人群密集的居民区、城市主要路网和交通干线、江河湖海、农田等地进行选址，易燃易爆的危险化学品放置在地势低洼处，桶装易燃液体放在库内，而炸药和爆破物品储存于专用的地下设备和防爆防热设备仓库以内，依据危险化学品的特性和城市总体规划，挑选距人口密集地较远的空位选址。

（2）危险化学品仓库安全管理。我国对危险化学品管理的法律法规和办理部门的具体要求，明确指出了相关企业应当实行挂号和报告的责任，要严格实行出入库准则，健全完善的安全防控规章办理程序，依据危险化学品的性质和特色，严格落实危险化学品分区储存、分库储存、分类储存与养护的管理准则。在危险化学品入库时，仓库管理人员要严格控制仓库进出人员，细心核对进出人员和车辆的证件，核查危险化学品品名、标准、用处、包装、标志、数量等信息，在断定无误后做好挂号作业，值班人员做好交接作业。危险化学品出库时，仓库装卸车管理人员要仔细核对危险化学品信息，对营运单位车辆、人员信息要认真检查核对，必须按照危险化学品车辆的营运资质和车辆信息认真登记，杜绝向不符合要求的单位、个人及车辆进行危化品的装卸。在应急处置方面，危化品库房应当具备满的消防设施和稳定的配电系统，电源线路严格按照防爆要求设置，禁止仓库周围堆积其他货物或其他物品，保证消防通道的通畅，危化品管理人员必须经过专业的培训合格后持证上岗。在储运过程中严格控制危险化学品的温度，对储存场所定期进行安全检查，及时处理存在的隐患。

2. 危险化学品装卸作业安全管理措施

在装卸工作过程中，必须严格遵守危险化学品装卸工作的操作规章制度，要做到文明装卸，防止发生碰击、碰擦、震晃和跑、冒、滴、漏等情况。装卸转移危险化学品宜选在白天进行，在户外应尽量防止日晒。夏天宜在早晚进行，避开高温时段，如必须在夜间进行的危化品装卸车工作，应保证现场足够的照明，在冰雪恶劣天气时，应落实现场的防滑措施。各种装卸工具要注意定时年检和年审，保证充足的安全系数，每个器械须事前进行消除产生火花隐患的处理。装卸操作人员应一致规范着装，穿戴防护服装防止静电。当危险化学品库房出现紧急意外情况时，应立即上报安全管理部门并组织现场人员疏散，采取应急措施。相关作业人员应定期对危化品的应急预案进行演练，保证发生事故时人员的应急处置步骤对事故现场发挥有效控制。对废弃的危险化学品和包装容器要经过无害化处理，不得遗留污染危险。剧毒危险品、放射品、爆炸品等危险品被盗、丢失或误用时，应立即向公安部门报告，避免对社会造成损害。

3. 危险化学品运输安全管理措施

依据国务院发布的《危险化学品安全管理条例》，对从事专业装运危险化学品的公司、单位和个人，必须依法从事运营，保证运送安全。运送危险化学物品要事前了解货品的性能和消防、环保等应急处理办法，对包装容器、物品和防护设备要仔细检查，禁止危险化学品漏、散和车辆带病运转。禁止将有理化特性冲突的危险化学品混装在同一辆车运送，各种机动车进入危险化学品库区、场所时，必须在消声器上安装阻火器后，方能进入。危险化学品运送的车辆，应对槽车罐体及安全附件进行定期的检查，确保完好备用，要及时进行清洁、消毒处理，在清洁、消毒时，应注意危险物品的性质，掌握清洁、消毒常识，避免污染或引起中毒等事故。装运危险物品的车辆，应装备一定的消防器材、急救药品、黄色三角旗或危险品警示标志等。道路运输过程中，驾驶人员不得随意泊车。对于运输危险化学品的人员，各单位应当在其上岗前进行专业培训，各单位定期组织对最新有关危化品运输管理知识的学习，对从业人员进行经常性安全生产、职业道德、业务常识和操作规程的教育培训。

4. 建立安全监管体系

我国在危险化学用品的管理上应当充分借鉴国外的先进管理方式，化学品安全监管部门应建立协调机制，加强彼此间的沟通和合作。传递和共享各种安全管理信息源，建立监管部门之间的常态合作协调机制，整合我国危险化学品安全监管网络。结合我国的实际情况，制定并完善在危险化学用品管理上的法律，确保从业单位有法可依，执法部门在执法过程中执法必严。制定的法规一定要有长远眼光，法规应当具有较强的实用性和可操作性，同时应当依据变化及时对法规做出调整。

5. 对安全监管进行全程监控

要从法律上强调危险化学用品登记的重要性，利用法律制度强制企业对危险化学用品进行登记，将危险化学用品登记作为企业生产和进入市场的必需条件，生产条件不符的企业无法通过审计审核，相关部门可取消该企业生产、运输、存储危险化学用品的资格。危险化学用品涉及的行业多、环节多、部门多，因此监管过程繁琐，政府部门要对所有的危险化学用品登记，建立危险化学用品数据库，对管辖区域内的危险化学用品的生产、运输、运用、废弃处理等实施实时监管。

6. 建立急救应急体系

事故应急救援工作是政府的责任，政府应当进一步对预案体系进行完善，对可能存在的风险进行详细分析，围绕危险化学用品引发的事故建立急救应急体系，并不定期地进行急救演练，全面提高对危险化学用品引发事故的急救水平。国家应当加大在应急救援上的投资，确保社会的稳定发展。在应急救援过程中，相关的部门应当相互合作、分工明确、降低内耗。在我国的诸多城市已经成立了化学危险品事故应急救援中心，加强了我国在危险化学品引起发事故上的应急救援工作，提高了对危险化学品的管理水平。

第四节 化学品的安全管理

一、化学品的包装

化学品集装箱的结构必须适合装运，对装有危险品的集装箱要彻底进行清扫，以防止杂质与货物反应、着火、爆炸。装货前必须了解清楚在此之前曾装运过哪种货物，若与此次所装货物不相容，必须打扫洗刷干净后才能使用，冲洗后的集装箱，应彻底干燥后才能装货。在装完货的集装箱外表比较醒目的位置应贴有放大的危险品标志，确保其与集装箱内的危险品包件上的标志相一致。

危险货物包装要求必须了解危险品在《国际海运危险货物规则》（以下简称国际危规）中的分类、性质、危险程度、海运的特殊要求以及港口当局是否有特殊要求，并进行适当的包装，危险货物的包装应符合如下要求：固而完好；在运输过程中包装的内表面可能与货物接触时，应不致由于该物质的影响而发生危险；能经受得住装卸及海运的一般风险。

对货物的包装检验要充分考虑到包装材料、封口材料和衬垫材料与货物性质的关系，保证内包装材料安全可靠，包装封口适宜，包装衬垫材料具有防震、防摩擦、防潮的作用及对液体货物有高度的吸附性并不与货物发生反应。此外，国际危规规定：①装有危险货物的包件上都应有其内装物的正确运输名称的耐久标志；②在装有危险物质的包件上标注正确技术名称的方法，应做到在海水中至少浸泡三个月后标记仍然清晰；③装入集装箱的每个包件，应按照本规则进行标记。

妥善包装后要做出危险品标志和标记，将其正确技术名称和性质以及应当采取的预防措施书面通知承运人，并如实向港务监督办理申报手续；货运代理人应明确相关代理责任，做好危险货物特性的核实、确认工作，落实合格的危险货物装箱单位，确保危险货物按规定办理出运手续；承运单位必须加强对货物特别是化工品的审核工作，制定危险货物相关的审核制度，杜绝货物报关单与托运单货名不相符现象。

二、各种危险品集装箱的单证

（一）危险货物清单

危险货物清单（dangerous cargo list）是专门列入船舶所载全部危险货物的明细表。凡船舶载运危险货物都必须另外再单独编制危险货物清单，该单常用红色并附有特别标志制成，以让有关部门及人员在装卸作业和运输保管中特别注意，确保安全。

（二）危险货物申报单（进港）

危险货物申报单（declaration form for dangerous goods）是船舶要到港前，由卸货港的船舶代理公司向卸货港港务监督部门提出危险货物进港申报，经核准同意后，由港务监督部门加盖"危险货物签证专用章"——允许进港卸货的专用单证。危险货物申报单由主管机关批准后，存查一份，申报人自留一份，码头一份。码头在进口业务中对危险货物清单中列明的危险品箱除须审核是否有申报单外，还要审核船名、航次、始发港、货名、类别、箱型、箱量及船箱位等项目是否正确。

(三)危险品货物集装箱装箱证明书

出口危险品货物集装箱进入码头检查口时,承运人须附送经海上安全监督局审核同意后盖章的危险品货物集装箱装箱证明书(container packing certificate)。"装箱证明书"是监督部门允许危险品装箱的证明文件。此证书应由装箱现场监督员填写一式两份,正本应于集装箱货物装箱三天前向港务监督提交,副本应在办理集装箱移交时交付给承运人。

(四)危险品货物存场日报

在高温季节,码头应每日填写危险品货物存场日报,并送交上级主管部门,以便妥善地管理存场的危险品货物集装箱。

三、危险品堆放的作业规则

码头管理应根据码头各自的特点,如地理环境、堆场设施配备、应急反应能力的大小,制定相应的危险品作业规则,对不同的区域制订不同的预防应急措施。对各个集装箱码头都要指定一块区域用于专门存放危险品集装箱,并按照国际危规中的隔离要求隔离堆放。危险品集装箱装箱区周围要贴有明显的警告标识,并用障碍物与其他箱区隔离。各码头存箱位置如有变动,要先通知有关部门并获得批准。各码头需按危险品集装箱堆场管理制度严格执行,建立危险品集装箱进出记录、交接班日志和喷淋记录。高温季节期间当温度超过30℃,对可喷淋的危险品集装箱要每2h进行一次喷淋,要求箱体四周都能喷到。对于在危险品管理中发生的特殊情况,要立即向营运操作部门报告,营运操作部门应协助码头及时解决。危险品集装箱专用堆场除了实行温度、湿度等项目日常监控,设置事故报警系统和撤离通道外,还要配备齐全的消防器材和处理材料,操作人员须进行严格培训,专人负责,堆场内的危险品集装箱应按照公安、消防等部门指定的行车路线和时间集疏。危险品集装箱堆场也是具有一定危险性的,并且危险品种类多,理化性质各不相同,一旦发生事故,处理起来困难大,虽然集装箱危险货物在包装形式方面与散装危险货物有很大区别,但火灾爆炸、毒物泄漏是两大主要风险。因此,有必要对危险货物集装箱堆场的危险性进行安全评价,以便做出正确的应急反应。针对危险货物集装箱安全管理采取定性评价方法。这类方法主要是根据经验对货物、储存设备、环境、人员、管理等方面的状况进行定性的评价,具体有安全检查表、预先危险性分析、故障类型的影响分析以及危险可操作性研究等。

同步强化训练

单项选择题

1. 在装运高出车厢栏板的货物,须用两块苫布覆盖货物时,中间接缝处须有大于(   )的重叠盖。
    A. 5cm B. 10cm
    C. 15cm D. 20cm

2. 机械装卸作业时,必须按核定负荷量减载(   ),装卸人员必须服从现场指挥,防止货物剧烈晃动、碰撞、跌落。
    A. 20% B. 25% C. 30% D. 35%

3. (   )必须加强对货物特别是化工品的审核工作,制定危险货物相关的审核制度,杜绝货物报关单与托运单货名不相符现象。
    A. 承运单位 B. 托运人

C. 海关工作人员　　　　　　　　D. 上级主管部门

4. 某石化企业与某承包商签订清洗重油储罐的服务协议，企业经过"倒空罐底油→与油罐相连的系统管线加盲板→拆人孔→通风置换"作业后，交付承包商进行人工清洗。下列承包商员工作业的行为和程序中，错误的是（　　）。

A. 清罐前应办理作业票，经审核批准后作业

B. 采用安全防爆照明设施

C. 穿防静电工作服进入罐内作业

D. 采用黑色金属制品工具清理污物

>>> 参考答案及解析 <<<

单项选择题

1. 【答案】C

【解析】装运高出车厢栏板的货物，装车后，必须用绳索捆扎牢固，易滑动的包装件，须用防散失的网罩覆盖并用绳索捆扎牢固或用苫布覆盖严密，须用两块苫布覆盖货物时，中间接缝处须有大于15cm的重叠盖，且车厢前半部分苫布须压在后半部分苫布上。

2. 【答案】B

【解析】机械装卸作业时，必须按核定负荷量减载25%，装卸人员必须服从现场指挥，防止货物剧烈晃动、碰撞、跌落。

3. 【答案】A

【解析】承运单位必须加强对货物特别是化工品的审核工作，制定危险货物相关的审核制度，杜绝货物报关单与托运单货名不相符现象。

4. 【答案】D

【解析】人工清罐是受限空间作业，要严格按照受限空间作业的要求。要确保清洗工具和照明设施安全防爆。清理污物时，采用木制品或铜制品等专用工具，不能采用黑色金属制品。

第六章
化工过程控制和检测技术

运用化工安全相关技术和标准，掌握可燃、有毒气体检测及报警系统的基本知识和技术要求，对装置的可燃、有毒气体检测系统的设置进行审核并提出工作意见；掌握化工过程紧急停车系统（ESD）、化工过程安全仪表系统（SIS）的基本知识和技术要求；了解化工自动化控制系统的基本概念和控制方式；了解噪声、振动、粉尘、火灾、温度、气体等检测方法；了解化工过程的故障诊断技术、无损检测技术。

第一节 可燃、有毒气体的检测

一、基本知识

1. 可燃气体

可燃气体是指甲类可燃气体或甲、乙$_A$类可燃液体气化后形成的可燃气体。

2. 有毒气体

有毒气体是指劳动者在职业活动过程中,通过皮肤接触或呼吸可导致死亡或永久性健康伤害的毒性气体或毒性蒸气,范围是《高毒物品目录》(卫法监发〔2003〕142号)中所列的有毒蒸气或有毒气体。常见的有二氧化氮、硫化氢、苯、氰化氢、氨、氯气、一氧化碳、丙烯腈、氯乙烯、光气(碳酰氯)等。

3. 检(探)测器

检(探)测器是指由传感器和转换器组成,将可燃气体、有毒气体或氧气的浓度转换为电信号的电子单元。

4. 指示报警设备

指示报警设备是指接收检(探)测器的输出信号,发出指示、报警、控制信号的电子设备。

5. 检测范围

检测范围是指检(探)测器在试验条件下能够检测出被测气体浓度的范围。

6. 报警设定值

报警设定值是指报警器预先设定的报警浓度值。

7. 响应时间

响应时间是指在实验条件下,从检(探)测器接触被测气体至达到稳定指示值的时间。通常,将达到稳定指示值90%的时间作为响应时间;将恢复到稳定指示值10%的时间作为恢复时间。

8. 安装高度

安装高度是指检(探)测器检测口到指定参照物的垂直距离。

9. 爆炸下限

爆炸下限是指可燃蒸气、气体或粉尘与空气组成的混合物遇火源即能发生爆炸的最低浓度(可燃蒸气、气体的浓度,按体积比计算)。

10. 爆炸上限

爆炸上限是指可燃蒸气、气体或粉尘与空气组成的混合物遇火源即能发生爆炸的最高浓度(可燃蒸气、气体的浓度,按体积比计算),超过此浓度就不能发生爆炸。〔爆炸上限(V/V)中的两个"V",分子"V"代表能发生爆炸的气体体积,而分母"V"代表含有能爆炸的气体的气体混合物总体积〕

11. 最高容许浓度

最高容许浓度是指工作地点在一个工作日内任何时间均不应超过的有毒化学物质的浓度。

12. 短时间容许接触浓度

短时间容许接触浓度是指一个工作日内任何一次接触不超过15min时间加权平均的容许接触浓度。

13. 时间加权平均容许浓度

时间加权平均容许浓度是指以时间为权数规定的8h工作日的平均容许接触水平。

14. 立即威胁生命和健康浓度

立即威胁生命和健康浓度（immediately dangerous to life or health concentrations，简称IDLH）是指有害环境中空气污染物浓度达到某种危险水平，如可致命，或可永久损害健康，或可使人立即丧失逃生能力。

二、一般规定

（1）在生产或使用可燃气体及有毒气体的工艺装置和储运设施的区域内，对可能发生可燃气体和有毒气体的泄漏进行检测时，应按下列规定设置可燃气体检（探）测器和有毒气体检（探）测器：

①可燃气体或含有毒气体的可燃气体泄漏时，可燃气体浓度可能达到25%爆炸下限，但有毒气体不能达到最高容许浓度时，应设置可燃气体检（探）测器。

②有毒气体或含有可燃气体的有毒气体泄漏时，有毒气体浓度可能达到最高容许浓度，但可燃气体浓度不能达到25%爆炸下限时，应设置有毒气体检（探）测器。

③可燃气体与有毒气体同时存在的场所，可燃气体浓度可能达到25%爆炸下限，有毒气体的浓度也可能达到最高容许浓度时，应分别设置可燃气体和有毒气体检（探）测器。

④同一种气体，既属可燃气体又属有毒气体时，应只设置有毒气体检（探）测器。

（2）可燃气体和有毒气体的检测系统应采用两级报警。同一检测区域内的有毒气体、可燃气体检（探）测器同时报警时，应遵循下列原则：

①同一级别的报警中，有毒气体的报警优先。

②二级报警优先于一级报警。

（3）工艺有特殊需要或在正常运行时人员不得进入的危险场所，宜对可燃气体和有毒气体释放源进行连续检测、指示、报警，并对报警进行记录或打印。

（4）报警信号应发送至现场声光报警器和有人值守的工艺装置或储运设施的控制室、现场操作室的指示报警设备，并且进行声光报警。

（5）装置区域内现场报警器的布置应根据装置区的面积、设备及建筑物的布置、释放源的理化性质和现场空气流动特点等综合确定。现场报警器可选用音响器或报警灯。

（6）可燃气体检（探）测器应采用经国家指定机构及授权检验单位的计量器具制造认证、防爆性能认证和消防认证的产品。

（7）国家法规有要求的有毒气体检（探）测器应采用经国家指定机构或其授权检验单位的计量器具制造认证的产品。其中，防爆型有毒气体检（探）测器还应采用经国家指定机构或其授权检验单位的防爆性能认证的产品。

（8）可燃气体或有毒气体场所的检（探）测器，应采用固定式。

（9）可燃气体、有毒气体检测报警系统宜独立设置。

（10）便携式可燃气体或有毒气体检测报警器的配备，应根据生产装置的场地条件、工艺介质的易燃易爆特性及毒性和操作人员的数量等综合确定。

（11）工艺装置和储运设施现场固定安装的可燃气体及有毒气体检测报警系统，宜采用不间断电源（UPS）供电。加油站、加气站、分散或独立的有毒及易燃易爆品的经营设施，其可燃气体及有毒气体检测报警系统可采用普通电源供电。

·典型例题·

声光报警器的位置设置灵活，一般设置在通道或楼层出入口的易观察处，距地坪或所在楼板（　　）左右。

A. 1.5m　　　　　　B. 2m　　　　　　C. 2.5m　　　　　　D. 3m

【解析】声光报警器的位置设置灵活，不受检测点的位置限制。一般设置在通道或楼层出入口的易观察处，距地坪或所在楼板2.5m左右。

答案：C

三、检（探）测点的确定

（一）一般原则

（1）可燃气体和有毒气体检（探）测器的检（探）测点，应根据气体的理化性质、释放源的特性、生产场地布置、地理条件、环境气候、操作巡检路线等条件，并选择气体易于积累和便于采样检测之处布置。

（2）下列可能泄露可燃气体、有毒气体的主要释放源应布置检（探）测点：①气体压缩机和液体泵的密封处；②液体采样口和气体采样口；③液体排液（水）口和放空口；④设备和管道的法兰和阀门组。

（二）工艺装置

（1）释放源处于露天或敞开式厂房布置的设备区域内，检（探）测点与释放源的距离宜符合下列规定：

①当检（探）测点位于释放源的全年最小频率风向的上风侧时，可燃气体检（探）测点与释放源的距离不宜大于15m，有毒气体检（探）测点与释放源的距离不宜大于2m。

②当检（探）测点位于释放源的全年最小频率风向的下风侧时，可燃气体检（探）测点与释放源的距离不宜大于5m，有毒气体检（探）测点与释放源的距离不宜大于1m。

（2）可燃气体释放源处于封闭或局部通风不良的半敞开厂房内，每隔15m可设一台检（探）测器，且检（探）测器距其所覆盖范围内的任一释放源不宜大于7.5m。有毒气体检（探）测器距释放源不宜大于1m。

（3）比空气轻的可燃气体或有毒气体释放源处于封闭或局部通风不良的半敞开厂房内，除应在释放源上方设置检（探）测器外，还应在厂房内最高点气体易于积聚处设置可燃气体或有毒气体检（探）测器。

（三）储运设施

（1）液化烃、甲$_B$、乙$_A$类液体等产生可燃气体的液体储罐的防火堤内应设检（探）测器，并符合下列规定：

①当检（探）测点位于释放源的全年最小频率风向的上风侧时，可燃气体检（探）测器与释放源的距离不宜大于15m，有毒气体检（探）测点与释放源的距离不宜大于2m。

②当检（探）测点位于释放源的全年最小频率风向的下风侧时，可燃气体检（探）测器与

释放源的距离不宜大于 5m，有毒气体检（探）测点与释放源的距离不宜大于 1m。

(2) 液化烃、甲$_B$、乙$_A$类液体的装卸设施，检（探）测器的设置应符合下列要求：

①小鹤管铁路装卸栈台，在地面上每隔一个车位宜设一台检（探）测器，且检（探）测器与装卸车口的水平距离不应大于 15m。

②大鹤管铁路装卸栈台，宜设一台检（探）测器。

③汽车装卸站的装卸车鹤位与检（探）测器的水平距离不应大于 15m。当汽车装卸站内设有缓冲罐时，检（探）测器的设置应符合有关规定。

(3) 装卸设施的泵或压缩机的检（探）测器设置，应符合有关规定。

(4) 液化烃灌装站的检（探）测器设置，应符合下列要求：

①封闭或半敞开的灌瓶间，灌装口与检（探）测器的距离宜为 5～7.5m。

②封闭或半敞开式的储瓶库，应符合有关规定；敞开式储瓶库房沿四周每 15～30m 应设一台检（探）测器，当四周边长总和小于 15m 时，应设一台检（探）测器。

③缓冲罐排水口或阀组与检（探）测器的距离，宜为 5～7.5m。

(5) 封闭或半敞开氢气灌瓶间，应在灌装口上方的室内最高点且易于滞留气体处设检（探）测器。

(6) 可能散发可燃气体的装卸码头，距输油臂水平平面 15m 范围内，应设一台检（探）测器。

(7) 储存、运输有毒气体、有毒液体的储运设施，应按有关规定进行设置有毒气体检（探）测器。

（四）其他可燃气体、有毒气体的扩散与积聚场所

(1) 明火加热炉与可燃气体释放源之间，距加热炉 5m 处应设检（探）测器。当明火加热炉与可燃气体释放源之间设有不燃烧材料实体墙时，实体墙靠近释放源的一侧应设检（探）测器。

(2) 设在爆炸危险区域 2 区范围内的在线分析仪表间，应设可燃气体检（探）测器。

(3) 控制室、机柜间、变配电所的空调引风口、电缆沟和电缆桥架进入建筑物的洞口处，且可燃气体和有毒气体有可能进入时，宜设置检（探）测器。

(4) 工业阀井、地坑及排污沟等场所，且可能积聚密度大于空气的可燃气体、液化烃或有毒气体时，应设检（探）测器。

四、可燃气体和有毒气体检测报警系统

（一）系统的技术性能

(1) 检（探）测器的输出信号宜选用数字信号、触点信号、毫安信号或毫伏信号。

(2) 报警系统应具有历史时间记录功能。

(3) 系统的技术性能，应符合《作业场所环境气体检测报警仪 通用技术要求》（GB 12358—2006）、《可燃气体探测器》（GB 15322）（系列）和《可燃气体报警控制器》（GB 16808—2008）的有关规定；系统的防爆性能应符合《爆炸性环境》（GB 3836）（系列）的要求。

（二）检（探）测器的选用

(1) 可燃气体及有毒气体检（探）测器的选用，应根据检（探）测器的技术性能、被测气体的理化性质和生产环境特点确定。

(2) 常用气体的检（探）测器选用应符合下列规定：

①烃类可燃气体可选用催化燃烧型或红外气体检（探）测器。当使用场所的空气中含有能

使催化燃烧型检测元件中毒的硫、磷、铅、卤素化合物等介质时，应选用抗毒性催化燃烧型检（探）测器。

②在缺氧或高腐蚀性等场所，宜选用红外气体检（探）测器。

③氢气检测可选用催化燃烧型、电化学型、热传导型或半导体型检（探）测器。

④检测组分单一的可燃气体，宜选用热传导型检（探）测器。

⑤硫化氢、氯气、氨气、丙烯腈气体、一氧化碳气体可选用电化学型或半导体型检（探）测器。

⑥氯乙烯气体可选用半导体型或光致电离检（探）测器。

⑦氰化氢气体宜选用电化学型检（探）测器。

⑧苯气体宜选用半导体型或光致电离检（探）测器。

⑨碳酰氯（光气）可选用电化学型或红外气体检（探）测器。

（3）检（探）测器防爆类型和级别，应按《爆炸危险环境电力装置设计规范》（GB 50058—2014）的有关规定选用，并应符合使用场所爆炸危险区域以及被检测气体性质要求。

（4）常用检（探）测器的采样方式，应根据使用场所确定。可燃气体和有毒气体的检测宜采用扩散式检（探）测器；受安装条件和环境条件的限制，无法使用扩散式检（探）测器的场所，宜采用吸入式检（探）测器。

（三）指示报警设备的选用

1. 指示报警设备应具备的基本功能

（1）能为可燃气体或有毒气体检（探）测器及所连接的其他部件供电。

（2）能直接或间接地接收可燃气体或有毒气体检（探）测器及其他报警触发部件的报警信号，发出声光报警信号，并予以保持。声光报警信号应能手动消除，再次有报警信号输入时仍能发出报警。

（3）可燃气体的测量范围：0～100％爆炸下限。

（4）有毒气体的测量范围宜为 0～300％最高容许浓度或 0～300％短时间接触容许浓度；当现有检（探）测器的测量范围不能满足上述要求时，有毒气体的测量范围可为 0～30％直接致害浓度。

（5）指示报警设备（报警控制器）应具有开关量输出功能。

（6）多点式指示报警设备应具有相对独立、互不影响的报警功能，并能区分和识别报警场所位号。

（7）指示报警设备发出报警后，即使安装场所被测气体浓度发生变化恢复到正常水平，仍应持续报警。只有经确认并采取措施后，才能停止报警。

（8）在下列情况下，指示报警设备应能发出与可燃气体或有毒气体浓度报警信号有明显区别的声、光故障报警信号：

①指示报警设备与检（探）测器之间连线断路。

②检（探）测器内部元件失效。

③指示报警设备主电源欠压。

④指示报警设备与电源之间连接线路短路与断路。

（9）指示报警设备应具有以下记录功能：

①能记录可燃气体和有毒气体报警时间，且日计时误差不超过 30s。

②能显示当前报警点总数。

③能区分最先报警点。

2. 根据工厂（装置）的规模和特点，指示报警设备设置的方式

（1）可燃气体和有毒气体检测报警系统与火灾检测报警系统合并设置。

（2）指示报警设备采用独立的工业程序控制器、可编程控制器等。

（3）指示报警设备采用常规的模拟仪表。

（4）当可燃气体和有毒气体检测报警系统与生产过程控制系统合并设计时，输入/输出卡件应独立设置。

3. 报警设置值的规定

（1）可燃气体的一级报警设定值小于或等于25%爆炸下限。

（2）可燃气体的二级报警设定值小于或等于50%爆炸下限。

（3）有毒气体的报警设定值宜小于或等于100%最高容许浓度/短时间接触容许浓度，当试验用标准气调制困难时，报警设定值可为200%最高容许浓度/短时间接触容许浓度以下。当现有检（探）测器的测量范围不能满足测量要求时，有毒气体的检测范围可为0~30%直接致害浓度；有毒气体的二级报警设定值不得超过10%直接致害浓度。

五、检（探）测器和指示报警设备的安装

（一）检（探）测器的安装

（1）检测密度大于空气的可燃气体检（探）测器，其安装高度应距地坪（或楼地板）0.3~0.6m。检测密度大于空气的有毒气体检（探）测器，应靠近泄漏点，其安装高度应距地坪（或楼地板）0.3~0.6m。

（2）检测密度小于空气的可燃气体或有毒气体的检（探）测器，其安装高度应高出释放源0.5~2m。

（3）检（探）测器应安装在无冲击、无振动、无强电磁场干扰、易于检修的场所，安装探头的地点与周边管线或设备之间应留有不小于0.5m的净空和出入通道。

（4）检（探）测器的安装与接线技术要求应符合制造厂的规定，并符合《爆炸危险环境电力装置设计规范》（GB 50058—2014）的规定。

（二）指示报警设备和现场报警器的安装

（1）指示报警设备应安装在有人值守的控制室、现场操作室等内部。

（2）现场报警器应就近安装在检（探）测器所在的区域。

第二节　紧急停车系统与安全仪表系统

一、基本知识

（一）化工过程紧急停车系统

紧急停车装置系统（emergency shut-down device，ESD）。这种专用的安全保护系统是20世纪90年代发展起来的，以其高可靠性和灵活性而受到一致好评。

ESD按照安全独立原则要求，独立于集散控制系统（distributed control system，DCS），其安全级别高于DCS。在正常情况下，ESD是静态的，不需要人为干预。作为安全保护系统，凌驾于生产过程控制之上，实时在线监测装置的安全性。只有当生产装置出现紧急情况时，不

需要经过 DCS，而直接由 ESD 发出保护联锁信号，对现场设备进行安全保护，避免危险扩散造成巨大损失。人在危险时刻的判断和操作往往是滞后的、不可靠的，当操作人员面临生命危险时，要在 60s 内作出反应，决策错误的概率高达 99.9%。因此，设置独立于控制系统的安全联锁是十分有必要的，这是做好安全生产的重要准则。如果生产装置出现紧急情况，那么保护系统能在允许的时间内作出响应并且及时地发出保护联锁信号，对其进行安全保护。ESD 的显著特点是：有很高的可靠性和有效性（如冗余）；系统必须是故障安全型的；如果故障不能避免，故障必须是以可预见的安全方式出现；使用硬件和软件相结合的方法检测系统内不正常的操作状态；使用故障模式（每个元件会出现怎样的故障）和影响分析技术指导系统设计（怎样检测出这些故障）；静态是常态，若执行保护动作时（过程参数超限）则为被动的。

一般安全联锁保护功能也可由 DCS 来实现。那么，为何要独立设置 ESD 呢？因为较大规模的紧急停车系统应按照安全独立原则与 DCS 分开设置，这样做主要有以下几方面原因：

（1）降低控制功能和安全功能同时失效的概率，当 DCS 部分故障时也不会危及安全保护系统。

（2）对大型装置或旋转机械设备而言，紧急停车系统响应速度越快越好。这有利于保护设备，避免事故扩大，并有利于分辨事故原因。而 DCS 处理大量过程监测信息，因此其响应速度难以做得很快。

（3）DCS 是过程控制系统，是动态的，需要人工频繁干预，这有可能引起人为误动作；而 ESD 是静态的，不需要人为干预，设置 ESD 可以避免人为误动作。

ESD 在石化行业以及大型钢厂及电厂中都有着广泛的应用，是通过高速运算 PLC（programmable logical controller，控制系统）实现控制的。它与 PLC 的本质区别在于它的输入输出卡件上，因为一切为了安全考虑，所以在硬件保护上做得较为完善，同时需要考虑到在事故状态下，现场控制阀位及各个开关的位置。

（二）安全仪表系统

安全仪表系统（safety instrumented system，SIS），包括安全联锁系统（safety interlocking system）、紧急停车系统和有毒有害、可燃气体及火灾监测保护系统等。主要为工厂控制系统中报警和联锁部分，对控制系统中检测的结果实施报警动作或调节或停机控制，是工厂企业自动控制中的重要组成部分。

安全仪表系统包括传感器、逻辑运算器和最终执行元件，即检测单元、控制单元和执行单元。SIS 可以监测生产过程中出现的或者潜伏的危险，发出报警信息或直接执行预定程序，立即进入操作，防止事故的发生，降低事故带来的危害及影响。安全仪表系统具有以下特征：

（1）独立于其他控制系统。

（2）是一套硬件冗余的系统，单点故障不会导致停车。

（3）能够带电热插拔卡件。

（4）具有全面的在线自诊断并带有故障报警指示功能。

（5）系统具有故障安全性。

（6）具有相当快的扫描时间。

（7）具有在线修改下装功能。

（8）具有在线对点的强制功能。

（9）具有下装前的离线仿真及比较功能。

（10）具有严格的版本记录功能。

（11）具有 SOE 事件顺序记录功能。

(三) 报警原则要求

(1) 信号报警、联锁点的设置，动作设定值及调整范围必须符合生产工艺的要求。

(2) 在满足安全生产的前提下，应当尽量选择线路简单、元器件数量少的方案。

(3) 信号报警、安全联锁设备应当安装在振动小、灰尘少、无腐蚀气体、无电磁干扰的场所。

(4) 信号报警、安全联锁系统可采用有触点的继电器线路，也可采用无触点式晶体管电路、DCS、PLC 来构造信号报警、安全联锁系统。

(5) 信号报警、安全联锁系统中安装在现场的检出装置和执行器应当符合所在场所的防爆、防火要求。

(6) 信号报警系统供电要求与一般仪表供电等级相同。

二、技术要求

(一) ESD 与 SIS 的区别

ESD 按照安全独立原则要求，独立于 DCS，其安全级别高于 DCS。在正常情况下，ESD 系统是静态的，不需要人为干预。作为安全保护系统，实时在线监测装置的安全性。只有当生产装置出现紧急情况时，不需要经过 DCS 系统，而直接由 ESD 发出保护联锁信号，对现场设备进行安全保护，避免危险扩散造成巨大损失。SIS 用于监视生产装置的运行状况，对出现异常工况迅速进行处理，使危害降到最低，使人员和生产装置处于安全状态。SIS 为静态系统，正常工况时，它始终监视生产装置的运行，系统输出不变，对生产过程不产生影响，非正常工况时，它将按照预先的设计进行逻辑运算，实现生产装置安全联锁或停车。

SIS 的功能和 ESD 的功能基本一样，只是在安全程度上要高于 ESD，有些 ESD 实现不了的功能可以在 SIS 上面实现。

(二) SIS 和 ESD 设计原则

SIS、ESD 的主要作用是在工艺生产过程发生危险故障时将其自动或手动带回到预先设计的安全状态，以确保工艺装置的生产安全，避免重大人身伤害及重大设备损坏事故。在安全仪表系统的设计过程中及安全仪表系统回路设计过程中，一般需要遵循下列几点原则。

1. 可靠性原则（安全性原则）

为了保证工艺装置的生产安全，安全仪表系统必须具备与工艺过程相适应的安全完整性等级（safety integrity level，SIL）的可靠度。对于安全仪表系统，可靠性有两个含义，一个是安全仪表系统本身的工作可靠性，另一个是安全仪表系统对工艺过程认知和联锁保护的可靠性，还应有对工艺过程测量、判断和联锁执行的高可靠性。

评估安全完整性等级的主要参数就是 PFDavg（average probability of failure on demand，平均危险故障率），按其从高到低依次分为 1～4 级。在石化行业中一般涉及的只有 1、2、3 级，因为 SIL4 级投资大，系统复杂，一般只用于核电行业。

2. 可用性原则

为了提高系统的可用性，SIS、ESD 应具有硬件和软件自诊断和测试功能。安全仪表系统应为每个输入工艺联锁信号设置维护旁路开关，方便进行在线测试和维护，同时减少因安全仪表系统维护造成的停车。需要注意的是，用于三选二表决方案的冗余检测元件不需要旁路，手动停车输入也不需要旁路。同时严禁对安全仪表系统输出信号设立旁路开关，以防止误操作而导致事故发生。如果 SIL 计算表明测试周期小于工艺停车周期，而对执行机构进行在线测试时无法确保不影响工艺而导致误停车，则安全仪表系统的设计应当根据需要进行修改，通过提高冗余配置以延长测试周期，或采用部分行程测试法，对事故状态关闭的阀门增加手动旁通阀，对事故状态开启的阀门增加手动截止阀等措施，以允许在线测试安全仪表系统阀门。这些手段对提高安全仪表系统的可用性都是很有帮助的。

3. 独立性原则

SIS、ESD 应独立于基本过程控制系统（BPCS，如 DCS、FCS、CCS、PLC 等），独立完成安全保护功能。安全仪表系统的检测元件，控制单元和执行机构应单独设置。如果工艺要求同时进行联锁和控制，安全仪表系统和 BPCS 应各自设置独立的检测元件和取源点（个别特殊情况除外，如配置三取二检测元件、进 DCS 信号三取中、进安全仪表系统三取二、经过信号分配器公用检测元件）。如需要，SIS、ESD 应能通过数据通信连接以只读方式与 DCS 通信，但禁止 DCS 通过该通信连接向安全仪表系统写信息。安全仪表系统应配置独立的通信网络，包括独立的网络交换机、服务器、工程师站等。SIS、ESD 应采用冗余电源，由独立的双路配电回路供电。应避免安全仪表系统和 BPCS 的信号接线出现在同一接线箱、中间接线柜和控制柜内。

4. 标准认证原则

随着安全标准的推出以及对安全系统重视度的不断提高，安全仪表系统的认证也变得越来越重要，系统的设计思想、系统结构都须严格遵守相应国际标准并取得权威机构的认证。安全仪表系统必须获得相应 SIL 等级的认证。SIS、ESD 中使用的硬件、软件和仪表必须遵守正式版本并已商业化，同时必须获得国家有关防爆、计量、压力容器等强制认证。严禁使用任何试验产品。

5. H 故障安全原则

当 SIS、ESD 的元件、设备、环节或能源发生故障或者失效时，SIS、ESD 设计应当使工艺过程能够趋向安全运行或者安全状态。这就是系统设计的故障安全原则。能否实现"故障安全"取决于工艺过程及安全仪表系统的设计。整个 SIS、ESD，包括现场仪表和执行器，都应设计成以下绝对安全形式，即现场触点应开路报警，正常操作条件下闭合；现场执行器联锁时不带电，正常操作条件下带电。

· 典型例题 ·

下列属于 SIS 和 ESD 设计原则的有（　　）。
A. 可靠性原则　　　　B. 可用性原则　　　　C. 便于操作原则　　　　D. 独立性原则
E. 标准认证原则

【解析】SIS 和 ESD 设计原则：可靠性原则（安全性原则）；可用性原则；独立性原则；标准认证原则；故障安全原则。

答案：ABDE

第三节　自动化控制系统和控制方式

一、自动化控制系统

自动化控制系统是指用一些自动控制装置，对生产中某些关键性参数进行自动控制，使它们在受到外界干扰（扰动）的影响而偏离正常状态时，能够被自动地调节而回到工艺所要求的数值范围内。生产过程中各种工艺条件不可能是一成不变的。特别是化工生产，大多数是连续性生产，各设备相互关联，当其中某一设备的工艺条件发生变化时，都可能引起其他设备中某些参数或多或少的波动，偏离了正常的工艺条件。自动调节不需要人的直接参与。自动控制系统主要由控制器、被控对象、执行机构和变送器四个环节组成。

二、自动化控制系统控制方式

(一) 自动化控制系统按控制原理的分类

(1) 开环控制系统。在开环控制系统中，系统输出只受输入的控制，控制精度和抑制干扰的特性都比较差。开环控制系统中，基于按时序进行逻辑控制的称为顺序控制系统。由顺序控制装置、检测元件、执行机构和被控工业对象所组成。主要应用于机械、化工、物料装卸运输等过程的控制以及机械手和自动生产线。

(2) 闭环控制系统。闭环控制系统是建立在反馈原理基础之上的，利用输出量同期望值的偏差对系统进行控制，可获得比较好的控制性能。闭环控制系统又称反馈控制系统。

(二) 自动控制系统按给定信号的分类

(1) 恒值控制系统。给定值不变，要求系统输出量以一定的精度接近给定希望值的系统，如生产过程中的温度、压力、流量、液位高度、电动机转速等自动控制系统属于恒值控制系统。

(2) 随动控制系统。给定值按未知时间函数变化，要求输出跟随给定值变化，如跟随卫星的雷达天线系统。

(3) 程序控制系统。给定值按一定时间函数变化，如程控机床。

> **· 典型例题 ·**
>
> 1. 在自动化控制系统控制方式的分类中，按照控制原理的不同，自动控制系统分为（　　）。
> A. 恒值控制系统和随动控制系统
> B. 开环控制系统和闭环控制系统
> C. 开环控制系统和密闭控制系统
> D. 程序控制系统和闭环控制系统
>
> 【解析】按控制原理的不同，自动化控制系统分为开环控制系统和闭环控制系统。
>
> 2. 下列控制系统中，是按照给定信号分类的有（　　）。
> A. 恒值控制系统　　　　　　　　B. 开环控制系统
> C. 密闭控制系统　　　　　　　　D. 程序控制系统
> E. 随动控制系统
>
> 【解析】按给定信号分类，自动控制系统可分为恒值控制系统、随动控制系统和程序控制系统。
>
> 答案：1. B　2. ADE

三、自动化控制系统应用

自动控制系统已被广泛应用于人类社会的各个领域。在工业方面，冶金、化工、机械制造等生产过程中遇到的各种物理量，包括温度、流量、压力、厚度、张力、速度、位置、频率、相位等，都有相应的控制系统。在此基础上通过采用数字计算机还建立起了控制性能更好和自动化程度更高的数字控制系统，以及具有控制与管理双重功能的过程控制系统。在农业方面的应用包括水位自动控制系统、农业机械的自动操作系统等。

在军事技术方面，自动控制的应用实例有各种类型的伺服系统、火力控制系统、制导与控制系统等。在航天、航空和航海方面,除各种形式的控制系统外,应用的领域还包括导航系统、遥控系统和各种仿真器。

此外,在办公室自动化、图书管理、交通管理乃至日常家务方面,自动控制技术也都有着实际的应用。随着控制理论和控制技术的发展,自动控制系统的应用领域还在不断扩大,几乎涉及生物、医学、生态、经济、社会等所有领域。

第四节 噪声、振动、粉尘、火灾、温度和气体检测

一、噪声检测

噪声是一种紊乱、断续或统计上随机的声振荡。噪声是声音的一种,具有声波的一切特性。工业生产中产生的噪声已经成为一种公害,对人们的生活和生产产生了极大的影响,会使人感到烦躁,严重时会引起神经、内分泌等系统的疾病及职业性耳聋。高强度噪声还能影响仪器设备的正常工作。因此,排除或减少噪声污染已日益被人们重视。对噪声进行检测时,比较常用的噪声测量仪器是声级计,按大小来分主要有台式、便携式、袖珍式,检测的方法主要有城市区域环境噪声普查方法、城市交通干线噪声平均值测量方法、工业企业厂界噪声测量方法、铁路边界噪声测量方法、建筑施工场界噪声测量方法、机场周围飞机噪声测量方法、内燃机噪声测定办法、噪声的频谱分析。

二、振动检测

机械振动是自然界、工程技术和日常生活中普遍存在的物理现象。在化工生产中,机械振动的危害是较大的,不仅导致设备在使用时出现问题,缩短其使用寿命,而且对设备自身的性能造成破坏,致使设备不能正常运行,从而降低生产效率,甚至会出现安全事故,直接影响工人生命财产安全。通常,化工振动检测包括两个方面内容,一方面是测试部件或者结构的动态,可以将其称为频率响应实验和机械阻抗实验,不同类型的振动,其特点和参数都是不同的;另一方面是测试振动基本参数,主要是对振动物体上某个点的速度、相位、频率及加速度进行测试,这样做的主要目的在于充分了解测定者的具体振动状态,以及探究振动来源,对振动情况进行准确的评估和监测。

三、粉尘检测

化工生产中的粉尘主要是指在工作场所生产过程中造成的生产性粉尘。这种类型的粉尘对工人的伤害是非常大的,不仅危害工人的健康,而且容易导致工人感染一些疾病,比如尘肺病、硅肺病等,甚至会出现爆炸的情况,造成人员伤亡和经济损失。化工厂检测生产性粉尘就是检测粉尘中的物性和粉尘颗粒。通常,最有效的检测方式是粉尘比电阻检测,使用这种检测技术要求较高。首先,对电除尘器粉尘的沉积形态进行模拟,在电场的影响下,使荷电粉尘可以逐渐累积形成尘层。然后,必须要模拟电除尘器里的湿度、气体成分以及温度。最后,对电除尘器的电晕电流和电压进行模拟。

四、火灾检测

根据火灾现象和普通可燃物质的典型起火过程曲线,火灾检测方法目前主要有以下几种:

空气离化探测法、热（温度）检测法、光电探测法、光辐射或火焰辐射探测法、可燃气体探测法。

五、温度检测

温度是用来定量地描述物体冷热程度的物理量，温度是建立在热平衡基础上的。温度检测方法可分为接触式与非接触式。

接触式测温是基于热平衡原理，即测温敏感元件（传感器）必须与被测介质接触，使两者处于同一热平衡状态，具有同一温度，如水银温度计、热电偶温度计、电阻温度计等。接触式测温适宜1000℃以下的温度测量，不适宜热容量小的物体温度测量、动态温度测量，便于多点、集中测量和自动控制，测温精度为测量范围的1‰左右。

非接触式测温是利用物质的热辐射原理，测温敏感元件不需与被测介质接触，利用物体的热辐射随温度变化的原理测定物体温度，又叫辐射测温，如辐射温度计、红外热像仪等。非接触式测温适宜高温测量、动态温度测量、表面温度测量。

六、气体检测

（一）气体测量传感器

从所用气体传感器的基本工作方式和原理来划分，目前用于测量可燃气体和多种气体的仪器、仪表可分为以下几种类型：

（1）接触（催化）燃烧式气体传感器。

（2）热传导式气体传感器。

①气体热传导式气体传感器：利用被测气体的热传导率与铂丝（发热体）的热传导率之差所引起的温度变化的特性测定气体的浓度，主要用于测定氢气、一氧化碳、二氧化碳、氮气、氧气等气体的浓度，多制成携带式仪器。

②固体热传导式气体传感器：利用被测气体的不同浓度在金属氧化物表面燃烧引起的电阻变化特性，来达到测定被测气体浓度的目的，主要用于测定氢气、一氧化碳、氨气等气体的浓度，也可用于测定其他可燃性气体的浓度，多制成携带式仪器。

（3）半导体式气敏传感器：主要用于报警器，超过规定浓度时，发出声光报警。

（4）湿式电化学传感器。

（二）气体检测报警仪表分类

工业生产环境所用气体测量及报警仪表，可按其功能、检测对象、检测原理、使用方式、适用场所分为以下几类：

（1）按功能分为气体检测仪表、气体报警仪表、气体检测报警仪表三类。

（2）按检测对象分为可燃性气体检测报警仪表、有毒气体检测报警仪表和氧气检测报警仪表三类。

（3）按检测原理分：主要取决于所用气体传感器的基本工作原理，可燃气体检测有催化燃烧型、半导体型、热导型和红外线吸收型等；有毒气体检测有电化学型、半导体型等；氧气检测有电化学型等。

（4）按使用方式一般分为携带式和固定式两种。其中，固定式多用于连续监测报警，携带式多用于携带检查泄漏和事故预测。

（5）按使用场所分：根据工业生产环境，尤其是石化场所防爆安全的要求，分为常规型和防爆型两类。其中，防爆型多制成固定式，用于危险场所连续安全监测。

（三）常见气体检测报警仪表

常见气体检测报警仪表主要分为煤气报警控制器、瓦斯检测仪、感烟探测器等。

第五节　化工过程设备状态监测故障诊断技术

机器设备发生故障，最早的维修方法是当机器损坏以后再维修，即"事后维修"，由于机器损坏后停机维修时间较长，该方法不仅经济损失大，也危及设备和人身安全。"定期维修"这种方法虽然能保证机器正常运行，但由于不知道机器在什么时候、什么部位发生什么样的故障，很难正确地确定检修周期。为此，机械设备的状态监测和故障诊断方法为机器设备的"预知维修"提供了先进的管理方法和维修技术。

一、设备状态监测和故障诊断

（1）状态监测和故障诊断内容。一是对设备的运行状态进行监测；二是在发现异常后对设备的故障进行分析诊断。状态监测的主要方法有趋势监测和状态检查。趋势监测是连续地或有规律地对机器有关参数进行测量和分析，确定机器的运行趋势和状况，提出机器劣化停机的预防时间。要选择最敏感的特征信息，振动和噪声能实时地、直观地、精确地显示出机器的动态特性及其变化过程，测试方法简便易行，并且对它们也很敏感。所以振动信号谱分析技术已成为对机器进行状态监测和诊断的主要方法。

（2）故障诊断技术可分为简易诊断和精密诊断。简易诊断是使用简单便携的点检仪器或专用仪器，对机器的状态参数进行监测并作出初步的判断；精密诊断就是运用频谱分析仪及其他一些计算机支持的仪器对监测到的信号进行数据处理分析，从而确定机器发生异常的原因、部位、程度及发展趋势等，并决定应采取的对策。

· 典型例题 ·

运用频谱分析仪及其他一些计算机支持的仪器对监测到的信号进行数据处理分析，从而确定机器发生异常的原因、部位、程度及发展趋势等，并决定应采取的对策属于（　　）。
A. 简易诊断技术　　　　　　　　　B. 精密诊断技术
C. 状态监测技术　　　　　　　　　D. 无损检测技术

【解析】故障诊断技术可分为简易诊断和精密诊断。精密诊断就是运用频谱分析仪及其他一些计算机支持的仪器对监测到的信号进行数据处理分析，从而确定机器发生异常的原因、部位、程度及发展趋势等，并决定应采取的对策。

答案：B

二、运用的主要技术

（一）电子和计算技术

一些专用仪器和一些新的信号的拾取、分析及处理的方法基于这两项技术。

（二）声、振测试和分析技术

机器设备运行状态的好坏与机器的振动有着直接的联系，它是目前状态监测和故障诊断技术中应用最广泛、最普遍的技术之一，且已取得较好的效果。

（三）测温技术

温度的测试技术，尤其是适合于在线、非接触式、远距测试的红外测温技术的运用较为普遍，被测点的温度数值可以直接读出，因而利用温度对设备进行诊断能起到立竿见影的效果。

（四）油液分析技术

磨损、疲劳和腐蚀是机械零件失效的三种主要形式和原因。而其中磨损失效占80%左右，由于油液分析对磨损监测的灵敏性和有效性高，因此在状态监测和故障诊断中这种方法日益显示出其重要地位。

（五）无损检测技术

该技术是一门独立的技术，被引进到状态监测和故障诊断技术中。如超声及射线探伤、磁粉、着色渗透的表面裂纹探伤及声发射探伤等技术被用来对大型固定或运动着的装置进行监测和诊断，已越来越受到人们的关注。

三、振动信号的概念与处理方法

（1）振动是指物体在平衡位置上作往复运动的现象。最简单的就是简谐振动，简谐振动可以用正弦曲线或余弦曲线来表示。非确定性信号是指不能用数学关系式描述的信号，也无法预知其将来的幅值，又称随机信号。在工程实践中，采集到的几乎全部是随机信号。

（2）随机信号的分析和处理方法。其主要有时域分析、频域分析。倒频谱分析法较常被采用，与时域分析相比，它在频率分辨方面大大提高了灵敏度。倒频谱分析可以使信号中较低的幅值分量得到较大增强，可以清楚地识别信号的组成，突出人们感兴趣的周期成分，并且能清楚地分离边带信号和谐波。使用倒频谱分析能够清楚地检测和分离出这些周期信号。

（3）信号处理的要求。一是处理的快速性，二是高的分辨率。对信号处理的高分辨率的要求是来自设备结构的复杂化和工作转速的日益提高。研究任意频带的频率分析技术，即细化分析技术，应用最广泛的是复调制FFT（快速傅氏变换）方法，它是一项最为有效的提高频率分辨率的实用技术。

四、化工设备故障诊断

化工设备种类繁多，如汽轮机、压缩机、泵、风机、电动机、粉碎机、膨胀机等，统称旋转机械。旋转机械故障的诊断，首先要根据各种故障发生的机理，寻找其特有的症状及敏感参数。

（一）故障的简易诊断方法

简易诊断方法就是采用一些便携式测振仪拾取信号，并直接由信号的某些参数或统计量构成诊断指标，根据对诊断指标的分析以判定设备是正常或是异常，主要用于设备状态监测中。正确地拾取信号是进行设备诊断的基础或先决条件，须正确处理好以下几个问题。

（1）正确选择测量方式。测量参数振动信号的采集有两种测量方式，一种是离线测量，即采集信号和分析数据是分别进行的。测量参数的选择除根据频率范围外，还应同时考虑所采用的传感器及判断标准等。例如采用涡流传感器进行轴心轨迹分析时，就要选择输出位移。采用国际标准进行振动等级评判时就必须输出速度。

（2）合理布置测点。因轴承是反映诊断信息最集中和最敏感的部位，主要测点应布置在轴承部位。其应遵循原则：每次测量要在同一测点进行，还要保证测量时设备的工况、测量的参数和使用的仪器和测量的方法相同,这样才能保证每次所测数据的真实性和相互可比性。

(3)选定合适的测量周期。测量周期是指每次采集信号的间隔时间。它与机器的类型及故障发展的速度有关。一般低速旋转机械或与磨损有关的故障,可以采用较长的测量周期,但是一旦发现故障进展较快时,就应缩短测量周期。

(二)齿轮故障诊断方法

齿轮传动具有结构紧凑、效率高、寿命长、工作可靠和维修方便等特点。功率谱一般有三种频率结构,分别对应于不同的原因。正常运行的齿轮的功率谱中一般可能同时有以下三种频率结构:

(1)线状谱,主要源于齿轮的啮合频率及其谐波。

(2)山状谱,主要源于结构共振如齿轮轴横向振动固有频率。

(3)随机谱,主要源于随机振动信号。

随着齿轮故障的产生,其线状谱部分的幅值会上升。

第六节 无损检测技术

无损检测是指在不损害或不影响被检测对象使用性能,不伤害被检测对象内部组织的前提下,利用材料内部结构异常或存在缺陷引起的热、声、光、电、磁等反应的变化,以物理或化学方法为手段,借助现代化的技术和设备器材,对试件内部及表面的结构、性质、状态及缺陷的类型、性质、数量、形状、位置、尺寸、分布及其变化进行检查和测试的方法。无损检测是工业发展必不可少的有效工具,在一定程度上反映了一个国家的工业发展水平,无损检测的重要性已得到公认,主要有射线检验(RT)、超声检测(UT)、磁粉检测(MT)和液体渗透检测(PT)四种。其他无损检测方法有涡流检测(ECT)、声发射检测(AE)、热像/红外仪(TIR)检测、泄漏试验(LT)、交流场测量技术(ACFMT)、漏磁检验(MFL)、远场测试检测方法(RFT)、超声波衍射时差法(TOFD)等。

一、无损检测的原理

无损检测是利用物质的声、光、磁和电等特性,在不损害或不影响被检测对象使用性能的前提下,检测被检对象中是否存在缺陷或不均匀性,给出缺陷大小、位置、性质和数量等信息。与破坏性检测相比,无损检测有以下特点:第一,具有非破坏性,因为它在做检测时不会损害被检测对象的使用性能;第二,具有全面性,由于检测是非破坏性,必要时可对被检测对象进行100%的全面检测,这是破坏性检测办不到的;第三,具有全程性,破坏性检测一般只适用于对原材料进行检测,如机械工程中普遍采用的拉伸、压缩、弯曲等,破坏性检验都是针对制造用的原材料进行的,对于产成品和在用品,除非不准备让其继续服役,否则是不能进行破坏性检测的,而无损检测因不损坏被检测对象的使用性能,所以,它不仅可对制造用的原材料,各中间工艺环节,直至最终产成品进行全程检测,也可对服役中的设备进行检测。

无损检查目视检测范围:

(1)焊缝表面缺陷检查。检查焊缝表面裂纹、未焊透及焊漏等焊接缺陷。

（2）状态检查。检查表面裂纹、起皮、拉线、划痕、凹坑、凸起、斑点、腐蚀等缺陷。

（3）内腔检查。当某些产品（如涡轮泵、发动机等）工作后，按技术要求规定的项目进行内窥检测。

（4）装配检查。当有要求和需要时，使用同三维工业视频内窥镜对装配质量进行检查；装配或某一工序完成后，检查各零部组件装配位置是否符合图样或技术条件的要求，是否存在装配缺陷。

（5）多余物检查。检查产品内腔残余内屑、外来物等多余物。

二、无损检测的发展

无损检测已不再是仅仅使用 X 射线，包括声、电、磁、电磁波、中子、激光等各种物理检测方法几乎都被用于无损检测，譬如超声检测、涡流检测、磁粉检测、射线检测、渗透检测、目视检测、红外检测、微波检测、泄漏检测、声发射检测、漏磁检测、磁记忆检测、热中子照相检测、激光散斑成像检测、光纤光栅传感技术等，而且还在不断地开发和应用新的方法和技术。

一些看上去非常传统的无损检测方法，实际上也已经发展出了许多新技术，譬如：

（1）射线检测。传统技术是胶片射线照相（X 射线和 γ 射线）；新技术有加速器高能 X 射线照相、数字射线成像（DR）、计算机射线照相（CR，类似于数码照相）、计算机层析成像（CT）、射线衍射等。

（2）超声检测。传统技术是 A 型超声（A 扫描超声，A 超）；新技术有 B 扫描超声（B 超）、C 扫描超声（C 超）、超声衍射（TOFD）、相控阵超声、共振超声、电磁超声、超声导波等。

三、无损检测的特点

（一）非破坏性

非破坏性指在获得检测结果的同时，除剔除不合格品外，不损失零件。因此，无损检测的规模不受零件多少的限制，既可抽样检验，又可在必要时采用普检。因而，更具有灵活性（普检、抽检均可）和可靠性。

（二）互容性

互容性指检验方法的互容性，即同一零件既可同时或依次采用不同的检验方法，又可重复地进行同一检验。这也是非破坏性带来的好处。

（三）动态性

无损探伤方法可对使用中的零件进行检验，而且能够适时考察产品运行期的累计影响。因而，可查明结构的失效机理。

（四）严格性

首先，无损检测需要专用仪器、设备。其次，需要专门训练的检验人员，按照严格的规程和标准进行操作。

（五）检验结果的分歧性

不同的检测人员对同一试件的检测结果可能有分歧。特别是在超声波检验时，同一检验项目要由两个检验人员来完成，需要"会诊"。

> ·典型例题·

下列属于无损检测技术特点的有（　　）。
A. 破坏性　　　　　　　　　　B. 互容性
C. 动态性　　　　　　　　　　D. 严格性
E. 检测结果的分歧性

【解析】概括起来，无损检测的特点是非破坏性、互容性、动态性、严格性以及检测结果的分歧性等。

答案：BCDE

四、常规无损检测方法

无损检测方法很多，据美国国家宇航局调研分析，其可分为 6 大类 70 余种。在实际应用中，比较常见的有以下几种。

(一) 目视检测（VT）

目视检测在国内实施得比较少，但在国际上非常受重视，是无损检测第一阶段首要方法。按照国际惯例，要先做目视检测，以确认不会影响后面的检验，接着再做四大常规检验。例如 BINDT 的 PCN 认证，就有专门的 VT1、VT2、VT3 级考核，更有专门的持证要求。VT 常常用于目视检查焊缝，焊缝本身有工艺评定标准，都可以通过目测和直接测量尺寸来做初步检验，发现咬边等不合格的外观缺陷，就要先打磨或者修整，之后再做其他深入的仪器检测。例如检测焊接件表面和铸件表面使用 VT 比较多，而检测锻件就使用得很少，并且其检查标准是基本相符的。

(二) 射线照相法（RT）

射线照相法是指用 X 射线或 γ 射线穿透试件，以胶片作为记录信息的器材的无损检测方法，该方法是最基本的、应用最广泛的一种非破坏性检验方法。

原理：射线能穿透肉眼无法穿透的物质使胶片感光，当 X 射线或 γ 射线照射胶片时，与普通光线一样，能使胶片乳剂层中的卤化银产生潜影，由于不同密度的物质对射线的吸收系数不同，照射到胶片各处的射线强度也就会产生差异，便可根据暗室处理后的底片各处黑度差来判别缺陷。

适用性和局限性：

总的来说，RT 的定性更准确，有可供长期保存的直观图像，但总体成本相对较高，而且射线对人体有害，检验速度会较慢。

(三) 超声波检测（UT）

原理：通过超声波与试件相互作用，对反射、透射和散射的波进行研究，对试件进行宏观缺陷检测、几何特性测量、组织结构和力学性能变化的检测和表征，进而对其特定应用性进行评价的技术。

适用性和局限性：

适用于金属、非金属和复合材料等多种试件的无损检测，可对较大厚度范围内的试件内部缺陷进行检测。如对金属材料，可检测厚度为 1～2mm 的薄壁管材和板材，也可检测几米长的钢锻件。而且缺陷定位较准确，对面积型缺陷的检出率较高。灵敏度高，可检测试件内部尺寸很小的缺陷。并且检测成本低、速度快、设备轻便，对人体及环境无害，现场使用较方便。

但其对具有复杂形状或不规则外形的试件进行检测有困难，而且缺陷的位置、取向和形状以及材质和晶粒度都对检测结果有一定影响，检测结果也无直接见证记录。

（四）磁粉检测（MT）

原理：铁磁性材料和工件被磁化后，不连续性缺陷的存在使工件表面和近表面的磁力线发生局部畸变，产生漏磁场，吸附施加在工件表面的磁粉，形成在合适光照下目视可见的磁痕，从而显示出不连续性的位置、形状和大小。

适用性和局限性：

磁粉探伤适用于检测铁磁性材料表面和近表面尺寸很小、间隙极窄（如可检测出长0.1mm、宽为微米级的裂纹）、目视难以看出的不连续性缺陷。也可对原材料、半成品、成品工件和在役的零部件检测，还可对板材、型材、管材、棒材、焊接件、铸钢件及锻钢件进行检测，可发现裂纹、夹杂、发纹、白点、折叠、冷隔和疏松等缺陷。

但磁粉检测不能检测奥氏体不锈钢材料和用奥氏体不锈钢焊条焊接的焊缝，也不能检测铜、铝、镁、钛等非磁性材料。对表面浅的划伤、埋藏较深的孔洞和与工件表面夹角小于20°的分层和折叠难以发现。

（五）渗透检测（PT）

原理：零件表面被施涂含有荧光染料或着色染料的渗透剂后，在毛细管作用下，经过一段时间，渗透液可以渗透进表面开口缺陷中；经去除零件表面多余的渗透液后，再在零件表面施涂显像剂，同样，在毛细管的作用下，显像剂将吸引缺陷中保留的渗透液回渗到显像剂中，在一定的光源下（紫外线光或白光），缺陷处的渗透液痕迹被显现（黄绿色荧光或鲜艳红色），从而探测出缺陷的形貌及分布状态。

适用性及局限性：

渗透检测可检测各种材料，如金属、非金属材料，磁性、非磁性材料，焊接、锻造、轧制等加工材料；具有较高的灵敏度（可发现$0.1\mu m$宽缺陷），显示直观、操作方便、检测费用低。

但它只能检出表面开口的缺陷，不适于检查多孔性疏松材料制成的工件和表面粗糙的工件；只能检出缺陷的表面分布，难以确定缺陷的实际深度，因而很难对缺陷做出定量评价，检出结果受操作者的影响也较大。

（六）涡流检测（ET）

原理：将通有交流电的线圈置于待测的金属板上或套在待测的金属管外，这时线圈内及其附近将产生交变磁场，使试件中产生呈旋涡状的感应交变电流，称为涡流。涡流的分布和大小，除与线圈的形状和尺寸、交流电流的大小和频率等有关外，还取决于试件的电导率、磁导率、形状和尺寸、与线圈的距离以及表面有无裂纹缺陷等。因而，在保持其他因素相对不变的条件下，用一探测线圈测量涡流所引起的磁场变化，可推知试件中涡流的大小和相位变化，进而获得有关电导率、缺陷、材质状况和其他物理量（如形状、尺寸等）的变化或缺陷存在等信息。但由于涡流是交变电流，具有集肤效应，所检测到的信息仅能反映试件表面或近表面处的情况。

应用：按试件的形状和检测目的的不同，可采用不同形式的线圈，通常有穿过式、探头式和插入式线圈3种。穿过式线圈用来检测管材、棒材和线材，它的内径略大于被检物件，使用时使被检物体以一定的速度在线圈内通过，可发现裂纹、夹杂、凹坑等缺陷。探头式线圈适用于对试件进行局部探测，应用时线圈置于金属板、管或其他零件上，可检查飞机起落撑杆内筒上和涡轮发动机叶片上的疲劳裂纹等。插入式线圈也称内部探头，放在管子或零件的孔内用来作内壁检测，可用于检查各种管道内壁的腐蚀程度等。为了提高检测灵敏度，探头式和插入式线圈大多装有磁芯。涡流法主要用于生产线上的金属管、棒、线的快速检测以及大批量零件如轴承钢球、汽门等的探伤（这时，除涡流仪器外尚须配备自动装卸和传送的机械装置）、材质分选和硬度测量，也可用来测量镀层和涂膜的厚度。

优缺点：涡流检测时线圈不需与被测物直接接触，可进行高速检测，易于实现自动化，但不适用于形状复杂的零件，而且只能检测导电材料的表面和近表面缺陷，检测结果也易于受到材料本身及其他因素的干扰。

（七）声发射检测（AE）

通过接收和分析材料的声发射信号来评定材料性能或结构完整性的无损检测方法。材料中因裂缝扩展、塑性变形或相变等引起应变能快速释放而产生的应力波现象被称为声发射。这是一种新增的无损检测方法，通过材料内部的裂纹扩张等发出的声音进行检测。主要用于检测在用设备、器件的缺陷及缺陷发展情况，以判断其良好性。

声发射技术的应用已较广泛。可以用声发射鉴定不同范性变形的类型，研究断裂过程并区分断裂方式，检测出小于 0.01mm 长的裂纹扩展，研究应力腐蚀断裂和氢脆，检测马氏体相变，评价表面化学热处理渗层的脆性，以及监视焊后裂纹产生和扩展等等。在工业生产中，声发射技术已用于压力容器、锅炉、管道和火箭发动机壳体等大型构件的水压检验，评定缺陷的危险性等级，作出实时报警。在生产过程中，用 PXWAE 声发射技术可以连续监视高压容器、核反应堆容器和海底采油装置等构件的完整性。声发射技术还被应用于测量固体火箭发动机火药的燃烧速度和研究燃烧过程，检测渗漏，研究岩石的断裂，监视矿井的崩塌，并预报矿井的安全性。

（八）超声波衍射时差法（TOFD）

20 世纪 70 年代，TOFD 技术由英国哈威尔的国家无损检测中心 Silk 博士首先提出，其原理源于 Silk 博士对裂纹尖端衍射信号的研究。在同一时期我国中科院也检测出了裂纹尖端衍射信号，发展出一套裂纹测高的工艺方法，但并未发展出现在通行的 TOFD 检测技术。TOFD 技术首先是一种检测方法，但能满足这种检测方法要求的仪器却迟迟未能问世。详细情况在下一部分内容进行讲解。TOFD 要求探头接收微弱的衍射波时达到足够的信噪比，仪器可全程记录 A 扫波形，形成 D 扫描图谱，并且可用解三角形的方法将 A 扫时间值换算成深度值。而同一时期工业探伤的技术水平没能达到可满足这些技术要求的水平。直到 20 世纪 90 年代，计算机技术的发展使得数字化超声探伤仪发展成熟后，研制便携、成本可接受的 TOFD 检测仪才成为可能。即便如此，TOFD 仪器与普通 A 超仪器之间还存在很大技术差别，是一种依靠从待检试件内部结构（主要是指缺陷）的"端角"和"端点"处得到的衍射能量来检测缺陷的方法，用于缺陷的检测、定量和定位。

同步强化训练

单项选择题

1. 工件内部裂纹属于面积型缺陷，最适宜的检测方法应该是（   ）。
   A. 超声波检测　　　　　　　　　　B. 渗透检测
   C. 目视检测　　　　　　　　　　　D. 磁粉检测

2. 在压力容器受压元件的内部，常常存在着不易被发现的缺陷，需要采用无损检测的方法进行探查。射线检测和超声波检测是两种常用于检测材料内部缺陷的无损检测方法。下列关于这两种无损检测方法特点的说法中，错误的是（　　）。

A. 射线检测对面积型缺陷检出率高，对体积型缺陷有时容易漏检

B. 超声波检测易受材质、晶粒度影响

C. 射线检测适宜检验对接焊缝，不适宜检验角焊缝

D. 超声波检测对位于工件厚度方向上的缺陷定位较准确

3. 压力容器器壁内部常常存在着不易被发现的各种缺陷。为及时发现这些缺陷并进行相应处理，需采用无损检测的方法进行检验。无损检测的方法有多种，如超声波检测、射线检测、涡流检测、磁粉检测。其中，对气孔、夹渣等体积型缺陷检出率高，适宜检测厚度较薄工件的检测方法是（　　）。

A. 超声波检测　　　　　　　　　B. 射线检测

C. 磁粉检测　　　　　　　　　　D. 涡流检测

4. 无损检测适用于构件的（　　）检查。

A. 直观　　　　　　　　　　　　B. 内部缺陷

C. 耐腐性　　　　　　　　　　　D. 承载能力

参考答案及解析

单项选择题

1. 【答案】A

【解析】超声波检测对面积型缺陷的检出率较高，而对体积型缺陷检出率较低，适宜检验厚度较大的工件。

2. 【答案】A

【解析】①射线检测的特点：可以获得缺陷直观图像，定性准确，对长度、宽度尺寸的定量也较准确；检测结果有直接记录，可以长期保存；对体积型缺陷（气孔、夹渣类）检出率高，对面积型缺陷（裂纹、未熔合类）如果照相角度不适当容易漏检；适宜检验厚度较薄的工件，不适宜检验较厚的工件；适宜检验对接焊缝，不适宜检验角焊缝以及板材、棒材和锻件等；对缺陷在工件中厚度方向的位置、尺寸（高度）的确定较困难；检测成本高、速度慢；射线对人体有害。②超声波检测特点：超声波检测对面积型缺陷的检出率较高，而对体积型缺陷检出率较低；适宜检验厚度较大的工件；适用于检测各种试件，包括检测对接焊缝、角焊缝，板材、管材、棒材、锻件以及复合材料等；检验成本低、速度快，检测仪器体积小、重量轻，现场使用方便；检测结果无直接见证记录；对缺陷在工件厚度方向上定位较准确；材质、晶粒度对检测有影响。

3. 【答案】B

【解析】射线检测的特点：对长度、宽度尺寸的定量较准确；检测结果有直接记录，可以长期保存；对体积型缺陷（气孔、夹渣类）检出率高，对面积型缺陷（裂纹、未熔合类）如果照相角度不适当，容易漏检；适宜检验厚度较薄的工件，不适宜较厚的工件；适宜检验对接焊缝，不适宜检验角焊缝以及板材、棒材和锻件等；对缺陷在工件中厚度方向的位置、尺寸（高度）的确定较困难；检测成本高、速度慢；射线对人体有害。

4. 【答案】B

【解析】无损探伤法是在不损伤被检工件的情况下，利用材料和材料中缺陷所具有的物理特性探查其内部是否存在缺陷的方法。

第七章
化工事故应急救援技术

运用化工安全相关技术和标准，掌握主要化工事故灾害类型应急救援技能和急救措施；根据化工企业潜在的事故风险，编制相应的现场处置方案，提出现场应急救援器材配备要求；根据特定的事故场景，制定应急救援演练方案并根据演练情况完善应急预案；了解各类应急器材的工作原理、使用要求和适用范围，根据化工企业事故类型的特点，判定企业配备的应急救援器材的符合性。

第一节　化工事故应急技能与处置方案

一、危险物质的事故类型

危险物质主要发生的事故类型分为 6 类，内容见表 7-1。

表 7-1　危险物质主要发生的事故类型及特点

事故类型	特点
危险化学品火灾事故	指燃烧物质主要是危险化学品的火灾事故；可包括易燃液体、易燃固体、自燃物品、遇湿易燃物品等危险化学品火灾
危险化学品爆炸事故	指危险化学品发生化学反应的爆炸事故或液化气体和压缩气体的物理爆炸事故；可包括爆炸品的爆炸（又可分为烟花爆竹爆炸、民用爆破器材爆炸、军工爆炸品爆炸等），易燃固体、自燃物品、遇湿易燃物品的火灾爆炸，易燃液体的火灾爆炸，易燃气体的爆炸，危险化学品产生的粉尘、气体、挥发物的爆炸，液化气体和压缩气体的物理爆炸，其他化学反应爆炸
危险化学品中毒和窒息事故	主要指人体吸入、食入或接触有毒有害化学品或者化学品反应的产物而导致的中毒和窒息事故；可包括吸入中毒事故（中毒途径为呼吸道）、接触中毒事故（中毒途径为皮肤、眼睛等）、误食中毒事故（中毒途径为消化道）、其他中毒和窒息事故
危险化学品灼伤事故	主要指腐蚀性危险化学品意外地与人体接触，在短时间内即在人体的接触表面发生化学反应，造成明显破坏的事故。腐蚀品包括酸性腐蚀品、碱性腐蚀品和其他不显酸碱性的腐蚀品
危险化学品泄漏事故	主要指气体或液体危险化学品发生了一定规模的泄漏，虽然没有发展成为火灾、爆炸或中毒事故，但造成了严重的财产损失或环境污染等后果的危险化学品事故
其他危险化学品事故	指不能归入上述五类危险化学品事故之外的其他危险化学品事故；主要包括危险化学品的险肇事故，即危险化学品发生了人们不希望的意外事件，如危险化学品罐体倾倒、车辆倾覆等，但没有发生火灾、爆炸、中毒和窒息、灼伤、泄漏等事故

危险化学品火灾爆炸事故和泄漏中毒事故如图 7-1、图 7-2 所示。

图 7-1　危险化学品火灾爆炸事故

图 7-2　危险化学品泄漏中毒事故

二、危险化学品事故特点

（1）有较强的突发性，发生后不易控制。

（2）一般会带来严重的经济损失和人员伤亡，救援过程难度大，且专业性强。

（3）会带来严重的环境污染。

(4) 具有延时性,有的危险化学品造成人员中毒后,当时并没有明显的症状,而是在几个小时甚至几天之后才能显现出相应的症状。

> **典型例题**

1. 化工事故应急救援过程中需要设立现场应急指挥部和医疗急救点。下列关于设立现场应急指挥部和医疗急救点的说法中,正确的是( )。

A. 位置宜在下风处　　　　　　　　B. 应设置醒目标志
C. 宜在交通封闭且易于管理的区域　　D. 悬挂的旗帜应用厚质面料制作

【解析】在化工事故发生现场,应尽快设立现场救援指挥部和医疗急救点,位置宜在上风处,交通较便利、畅通的区域,能保证水、电供应,并有醒目标志,方便救援人员和伤员识别,悬挂的旗帜应用轻质面料制作,以便救援人员随时掌握现场风向。

2. 危险化学品事故特点包括( )。

A. 突发性强,发生后不易控制
B. 造成严重的经济损失和人身伤亡
C. 一般的救援力量即可,救援难度较小
D. 具有延时性
E. 不会造成环境污染

【解析】危险化学品事故特点主要包括:
(1) 有较强的突发性,发生后不易控制。
(2) 一般会带来严重的经济损失和人员伤亡,在救援过程中难度大,且专业性强。
(3) 带来严重的环境污染。
(4) 具有延时性,有的危险化学品造成人员中毒后,当时并没有明显的症状,而是在几个小时甚至几天之后才能显现出相应的症状。

答案:1. B　2. ABD

三、事故应急救援的准备

化学事故应急救援机构的设置与主要职责如下:

(1) 应急救援指挥中心(办公室)。在化学事故应急救援行动中,组织和指挥化学事故应急救援工作。平时应组织编制化学事故应急救援预案;做好应急救援专家队伍和救援专业队伍的组织、训练与演练;开展对群众进行自救和互救知识的宣传和教育;会同有关部门做好应急救援的装备、器材物品、经费的管理和使用;对化学事故进行调查,核发事故通报。

(2) 应急救援专家委员会(组)。在化学事故应急救援行动中,对化学事故危害进行预测,为救援的决策提供依据和方案。平时应做好调查与研究,当好领导参谋。

(3) 应急救护站(队)。在事故发生后,尽快赶赴事故地点,设立现场医疗急救站,对伤员进行现场分类和急救处理,并及时向医院转送。对救援人员进行医学监护,以及为现场救援指挥部提供医学咨询。平时应加强技术培训和急救准备。

(4) 应急救援专业队。在应急救援行动中,各救援队伍应在做好自身防护的基础上,快速实施救援。侦检队应尽快测定出事故的危害区域,检测危险化学物品的性质及危害程度。工程救援队应尽快堵源,做好毒物的清消工作,并将伤员救出危害区域和组织群众撤离、疏散。

凡涉及危险化学物品的企业均应建立本单位的救援组织机构,明确救援执行部门和专用电话,制定救援协作网，疏通纵横关系，以提高应急救援行动中协同作战的效能，便于做好事故自救。

在没有设置应急救援机构的区域，一旦发生事故，当地主要领导应组织公安、消防、卫生、环保、交通等部门成立紧急救援指挥部实施救援。

四、应急处理处置方法

（一）泄漏应急处理

隔离泄漏污染区，周围设警告标志，切断火源。建议应急处理人员戴好防毒面具，穿化学防护服。冷却，防止震动、撞击和摩擦，避免扬尘，使用无火花工具小心扫起，转移到安全场所。首先要了解清楚化学品的化学性质和反应特质，符合可用大量水冲洗的情况时，经稀释的洗水放入废水系统。如大量泄漏，则用水润湿，然后收集、转移、回收或无害处理后废弃。

废弃物处置方法：用焚烧法。废料溶于丙酮后再焚烧，焚烧炉要有后燃烧室，焚烧炉排出的气体通过碱洗涤器除去有害成分。

泄漏被控制后，要及时将现场泄漏物进行覆盖、收容、稀释处理，使泄漏物得到安全可靠的处置，防止二次事故的发生。

为减少大气污染，通常是采用水枪或消防水带向有害物蒸气云喷射雾状水，加速气体向高空扩散，使其在安全地带扩散。

对于大型液体泄漏，可选择用隔膜泵将泄漏出的物料抽入容器内或槽车内；当泄漏量小时，可用沙子、吸附材料、中和材料等吸收中和，或者用固化法处理泄漏物。

（二）防护措施

呼吸系统防护：空气中浓度较高时，佩戴防毒面具。紧急事态抢救或逃生时，佩戴自给式呼吸器。

眼睛防护：戴安全防护眼镜。

防护服：穿紧袖工作服，长筒胶鞋。

手防护：戴橡皮胶手套。

其他：工作现场禁止吸烟、进食和饮水。工作后，淋浴更衣。保持良好的卫生习惯。进行就业前和定期的体检。

（三）急救措施

皮肤接触：立即脱去被污染的衣物，用流动清水彻底冲洗。

眼睛接触：立即提起眼睑，用大量流动清水彻底冲洗不少于15min。

吸入：迅速脱离现场至空气新鲜处。注意保暖，呼吸困难时给输氧。对呼吸及心跳停止者立即进行人工呼吸和心脏按压术。就医。

食入：要根据误食物的化学性质区别处理。若需洗胃，则洗胃后口服活性炭，再给以导泻。就医。

灭火方法：针对不同类型的火灾要采取不同的方法灭火。例如，扑救爆炸物品火灾的基本方法：

（1）切忌用沙土盖压，以免增强爆炸物品爆炸时的威力。

（2）如果有疏散可能，人身安全上确有可靠保障，应迅即组织力量及时疏散着火区域周围的爆炸物品，使着火区域周围形成一个隔离带。

（3）扑救爆炸物品堆垛时，水流应采用吊射，避免强力水流直接冲击堆垛，以免堆垛倒塌引起再次爆炸。

（4）灭火人员应尽量利用现场现成的掩蔽体或尽量采用卧姿等低姿射水，尽可能地采取自我保护措施。消防车辆不要停靠得离爆炸物品太近。

（四）火灾事故的处理方法

化工企业设备构造复杂，反应器繁多复杂，且经常处于高温高压工作状态。各种成分的物料在这里加工、储存、装卸、输送。一旦发生火灾，导致容器和管道破裂，物料就会泄漏出来，造成更大的危害。所以火灾事故发生后我们要采取适当的处理方式，此外由于危险化学品自身或者燃烧过程中的中间产物具有易燃易爆、有毒、腐蚀等危险特性，极易造成人员中毒或者灼伤，甚至造成二次爆炸，给火灾扑救工作带来了更大的困难。

火灾扑救过程的基本方法见表 7-2。

表 7-2 不同火灾种类的扑救方法

火灾种类	扑救方法
初期火灾	迅速关闭火灾部位的上下游阀门，切断进入火灾事故地点的一切物料 在火灾尚未扩大到不可控制之前，应使用移动灭火器或现场其他各种消防设备、器材扑救初期火灾和控制火源
压缩或液化气体火灾	扑救气体火灾切忌盲目灭火，即使在扑救周围火势以及冷却过程中，不小心把泄漏处的火焰扑灭了，在没有采取堵漏措施的情况下，也必须立即用长点火棒将火点燃，使其恢复稳定燃烧。否则，大量可燃气体泄漏出来与空气混合，遇着火源就会发生爆炸，后果不堪设想 首先应扑灭外围被火源引燃的可燃物火势，切断火势蔓延途径，控制燃烧范围，并积极抢救受伤和被困的人员 如果火势中有压力容器或有受到火焰辐射热威胁的压力容器，能疏散的应尽量在水枪的掩护下疏散到安全地带，不能疏散的应部署足够的水枪进行冷却保护。为防止容器爆裂伤人，进行冷却的人员应尽量采用低姿射水或利用现场坚实的掩蔽体防护。对卧式贮罐，冷却人员应选择贮罐四侧角作为射水阵地 如果是输气管道泄漏着火，应首先设法找到气源阀门。阀门完好时，只要关闭气体阀门，火势就会自动熄灭 贮罐或管道泄漏关阀无效时，应根据火势判断气体压力和泄漏口的大小及其形状，准备好相应的堵漏材料（如软木塞、橡皮塞、气囊塞、黏合剂、弯管工具等） 如果确认泄漏口很大，根本无法堵漏，只需冷却着火器及其周围容器和可燃物品，控制着火范围，直到燃气燃尽，火势自动熄灭
易燃液体火灾	（1）首先应切断火势蔓延的途径，冷却和疏散受火势威胁的压力及密闭容器和可燃物，控制燃烧范围，并积极抢救受伤和被困人员。如有液体流淌时，应筑堤（或用围油栏）拦截飘散流淌的易燃液体或挖沟导流 （2）及时了解和掌握着火液体的品名、密度、水溶性、毒性、腐蚀、沸溢、喷溅等危险性，以便采取相应的灭火和防护措施 （3）对较大的贮罐或流淌火灾，应准确判断着火面积和液体性质，采取相应灭火措施
原油和重油等具有沸溢和喷溅危险的液体火灾	如有条件，可采用取放水、搅拌等防止发生沸溢和喷溅的措施，在灭火同时必须注意计算可能发生沸溢、喷溅的时间和观察是否有沸溢、喷溅的征兆。指挥员发现危险征兆时应迅速做出准确判断，及时下达撤退命令，避免造成人员伤亡和装备损失。扑救人员看到或听到统一撤退信号后，应立即撤至安全地带 遇易燃液体管道或储罐泄漏着火，在切断蔓延方向，把火势限制在一定范围内的同时，对输送管道应设法找到并关闭进、出阀门，如果管道已损坏或贮罐泄漏，应及时迅速准备好堵漏材料，然后先用泡沫、干粉、二氧化碳或雾状水等扑灭地上的流淌火焰，为堵漏扫清障碍，其次再扑灭泄漏口的火焰，并迅速采取堵漏措施。与气体堵漏不同的是，液体一次堵漏失败，可连续堵几次，只要用泡沫覆盖地面，并堵住液体流淌和控制好周围着火源，不必点燃泄漏口的液体

续表

火灾种类	扑救方法
易燃固体、自燃物品火灾	易燃固体、自燃物品一般都可用水或泡沫扑救，相对其他种类的化学危险物品而言是比较容易扑救的，只要控制住燃烧范围，逐步扑灭即可。但也有少数易燃固体、自燃物品的扑救方法比较特殊，如2,4-二硝基苯甲醚、二硝基萘、萘、黄磷等 (1) 2,4-二硝基苯甲醚、二硝基萘、萘等是能升华的易燃固体，受热发出易燃蒸气。火灾时可用雾状水、泡沫扑救并切断火势蔓延途径，但应注意，不能以为明火焰扑灭即已完成灭火工作。因为受热以后升华的易燃蒸气能在不知不觉中飘逸，在上层与空气能形成爆炸性混合物，尤其是在室内，易发生爆燃，因此，扑救这类物品火灾千万不能被假象所迷惑。在扑救过程中应不时向燃烧区域上空及周围喷射雾状水，并用水浇灭燃烧区域及其周围的一切火源 (2) 黄磷是自燃点很低、在空气中能很快氧化升温并自燃的自燃物品。遇黄磷火灾时，首先应切断火势蔓延途径，控制燃烧范围。对着火的黄磷应用低压水或雾状水扑救 高压直流水冲击能引起黄磷飞溅，导致灾害扩大。黄磷熔融液体流淌时应用泥土、沙袋等筑堤拦截并用雾状水冷却，对磷块和冷却后已固化的黄磷，应用钳子钳入储水容器中。来不及钳时可先用沙土掩盖，但应做好标记，等火势扑灭后，再逐步集中到储水容器中 (3) 少数易燃固体、自燃物品不能用水和泡沫扑救，如三硫化二磷、铝粉、烷基铝、保险粉等，应根据具体情况区别处理，宜选用干沙和不用压力喷射的干粉扑救
毒害品、腐蚀品火灾	毒害品和腐蚀品对人体都有一定危害。毒害品主要经口或吸入蒸气或通过皮肤接触引起人体中毒。腐蚀品是通过皮肤接触使人体形成化学灼伤。毒害品、腐蚀品有些本身能着火，有的本身并不着火，但与其他可燃物品接触后能着火。这类物品发生火灾一般应采取以下基本对策： 灭火人员必须穿防护服，佩戴防护面具。一般情况下采取全身防护即可，对有特殊要求的物品火灾，应使用专用防护服。考虑到过滤式防毒面具防毒范围的局限性，在扑救毒害物品火灾时应尽量使用隔绝式氧气或空气面具。为了在火场上能正确使用和适应，平时应进行严格的适应性训练。积极抢救伤员和受困人员，限制燃烧范围。毒害品、腐蚀品火灾极易造成人员伤亡，灭火人员在采取防护措施后，应立即投入寻找和抢救受伤、被困人员的工作，并努力限制燃烧范围 扑救时应尽量使用低压水流或雾状水，避免毒害品、腐蚀品溅出。遇酸类或碱类最好调制相应的中和剂稀释中和。遇毒害、腐蚀品容器泄漏，在扑灭火势后应采取堵漏措施，腐蚀品需用防腐材料堵漏。浓硫酸遇水能放出大量的热，会导致沸腾飞溅，需特别注意防护。扑救浓硫酸与其他可燃物品接触发生火灾、浓硫酸数量不多时，可用大量低压水快速扑救。如果浓硫酸量很大，应先用二氧化碳、干粉、卤代烷等灭火，然后把着火物品与浓硫酸分开
放射性物品火灾	放射性物品是一类发射出人类肉眼看不见但能严重损害人类生命和健康的α、β等射线和中子流的特殊物品。扑救这类物品火灾必须采取特殊的能防护射线照射的措施。平时生产、经营、储存和运输、使用这类物品的单位及消防部门，应配备一定数量防护装备和放射性测试仪器 对燃烧现场包装没有破坏的放射性物品，可在水枪的掩护下佩戴防护装备，设法疏散，无法疏散时，应就地冷却保护，防止造成新的破损，增加辐射（剂）量 对已经破损的容器切忌搬动或用水流冲击，以防止放射性污染范围扩大

> •典型例题•

泄漏应急处理，是指化学品泄漏后现场可采用的简单有效的应急措施、注意事项和消除方法，不包括的是（ ）。
A. 消除方法　　　　　　　　　B. 节能措施
C. 应急人员防护　　　　　　　D. 应急行动
【解析】泄漏应急处理，是指化学品泄漏后现场可采用的简单有效的应急措施、注意事项和消除方法，包括应急行动、应急人员防护、环保措施、消除方法等内容。

答案：B

第二节　化工事故现场救援

事故现场急救应按照紧急呼救、判断伤情和救护三大步骤进行。

一、紧急呼救

当事故发生，发现了危重伤员，经过现场评估和病情判断后需要立即救护，同时立即向专业急救机构或附近担负院外急救任务的医疗部门、社区卫生单位报告，常用的急救电话为120。由急救机构立即派出专业救护人员、救护车至现场抢救。

（一）救护启动

救护启动称为呼救系统开始。呼救系统的畅通，在国际上被列为抢救危重伤员的"生命链"中的"第一环"。有效的呼救系统对保障危重伤员获得及时救治至关重要。

应用无线电和电话呼救。通常在急救中心配备有经过专门训练的话务员，能够对呼救作出迅速适当应答，并能把电话接到合适的急救机构。城市呼救网络系统的"通信指挥中心"应当接收所有的医疗（包括灾难等意外伤害事故）急救电话，根据伤员所处的位置和病情，指定就近的急救站去救护伤员。这样可以大大节省时间，提高效率，便于伤员救护和转运。

（二）呼救电话须知

紧急事故发生时，须报警呼救，最常使用的是呼救电话。使用呼救电话时，必须要用最精练、准确、清楚的语言说明伤员目前的情况及严重程度、伤员的人数及存在的危险、需要何类急救。如果不清楚身处位置的话，不要惊慌，因为救护医疗服务系统控制室可以通过地球卫星定位系统追踪其正确位置。

一般应简要清楚地说明以下几点：
（1）（报告人）电话号码与姓名，伤员姓名、性别、年龄和联系电话。
（2）伤员所在的确切地点，尽可能指出附近街道的交汇处或其他显著标志。
（3）伤员目前最危重的情况，如昏倒、呼吸困难、大出血等。
（4）灾害事故、突发事件时，说明伤害性质、严重程度、伤员的人数。
（5）现场所采取的救护措施。
不要先放下话筒，要等救护医疗服务系统调度人员先挂断电话。

（三）单人及多人呼救

在专业急救人员尚未到达时，如果有多人在现场，一名救护人员留在伤员身边开展救护，其他人通知医疗急救部门机构。如果发生意外伤害事故，要分配好救护人员各自的工作，分秒必争组织有序地实施伤员的寻找、脱险、医疗救护工作。

在伤员心跳骤停的情况下，为挽救生命，抓住"救命的黄金时刻"，可立即进行心肺复苏，然后迅速拨打电话。如有手机在身，则进行1~2min心肺复苏后，在抢救间隙中打电话。

对于任何年龄的外伤或呼吸暂停患者，打电话呼救前接受1min的心肺复苏都是非常必要的。

二、判断危重伤情

在现场巡视后进行对伤员的最初评估。发现伤员后，尤其是处在情况复杂的现场时，救护人员需要首先确认并立即处理威胁生命的情况，检查伤员的意识、气道、呼吸、循环体征等。判断危重伤情的一般步骤和方法如下：

(一) 意识

先判断伤员神志是否清醒。在呼唤、轻拍、推动时，伤员会睁眼或有肢体运动等其他反应，表明伤员有意识。如伤员对上述刺激无反应，则表明意识丧失，已陷入危重状态。如果伤员突然倒地，然后呼之不应，情况多为严重。

(二) 气道

呼吸必要的条件是保持气道畅通。伤员若有反应但不能说话、不能咳嗽、憋气，可能存在气道梗阻，必须立即检查和清除，如进行侧卧位和清除口腔异物等。

(三) 呼吸

评估呼吸。正常人每分钟呼吸12~18次，危重伤员呼吸变快、变浅，乃至不规律，呈叹息状。在气道畅通后，对无反应的伤员进行呼吸检查，如伤员呼吸停止，应保持气道通畅，立即施行人工呼吸。

(四) 循环体征

在检查伤员意识、气道、呼吸之后，应对伤员的循环体征进行检查。可以通过检查循环的体征，如呼吸、咳嗽、运动、皮肤颜色、脉搏情况来进行判断。

成人正常心跳每分钟60~80次。

呼吸停止，心跳随之停止；或者心跳停止，呼吸也随之停止。心跳、呼吸几乎同时停止也是常见的。

心跳在手腕处的桡动脉、颈部的颈动脉处较易触到。

心律失常，以及严重的创伤、大失血等危及生命时，心跳或加快，超过每分钟100次；或减慢，每分钟40~50次；或不规律，忽快忽慢，忽强忽弱，这些均为心脏呼救的信号，都应引起重视。

如伤员面色苍白或青紫，口唇、指甲发绀，皮肤发冷等，可以知道其皮肤循环和氧代谢情况不佳。

· 典型例题 ·

心律失常，以及严重的创伤、大失血等危及生命时，心跳或加快，超过（　　）；或减慢，（　　）。

A. 80次/分钟；40~50次/分钟

B. 120次/分钟；30~50次/分钟

C. 100次/分钟；40~50次/分钟

D. 100次/分钟；50~60次/分钟

【解析】心律失常,以及严重的创伤、大失血等危及生命时,心跳或加快,超过每分钟100次;或减慢,每分钟40~50次;或不规律,忽快忽慢,忽强忽弱,这些均为心脏呼救的信号,都应引起重视。

答案:C

(五) 瞳孔反应

眼睛的瞳孔又称"瞳仁",位于黑眼球中央。正常时双眼的瞳孔是等大圆形的,遇到强光能迅速缩小,很快又回到原状。用手电筒突然照射一下瞳孔即可观察到瞳孔的反应。当伤员脑部受伤、脑出血、严重药物中毒时,瞳孔可能缩小为针尖大小,也可能扩大到黑眼球边缘,对光线不起反应或反应迟钝。有时因为出现脑水肿或脑疝,双眼瞳孔一大一小。瞳孔的变化可显示脑病变的严重性。

当完成现场评估后,再对伤员的头部、颈部、胸部、腹部、盆腔、脊柱、四肢进行检查,看有无开放性损伤、骨折畸形、触痛、肿胀等体征,有助于对伤员的病情判断。

还要注意伤员的总体情况,如表情淡漠不语、冷汗口渴、呼吸急促、肢体不能活动等现象为病情危重的表现;对外伤伤员应观察神志不清程度,呼吸次数和强弱,脉搏次数和强弱;注意检查有无活动性出血,如有,则立即止血。严重的胸腹部损伤容易引起休克、昏迷甚至死亡。

三、救护基本步骤

灾害事故现场一般都很混乱,组织指挥特别重要,应快速组成临时现场救护小组,统一指挥,加强灾害事故现场一线救护,这是保证抢救成功的关键措施之一。

避免慌乱,尽可能缩短伤后至抢救的时间,强调提高基本治疗技术是做好灾害事故现场救护的关键。应能善于应用现有的先进科技手段,体现"立体救护、快速反应"的救护原则,提高救护的成功率。

现场救护原则是先救命后治伤,先重伤后轻伤,先抢后救,抢中有救,尽快脱离事故现场,先分类再运送,医护人员以救为主,其他人员以抢为主,各负其责,相互配合,以免延误抢救时机。现场救护人员应注意自身防护。第一目击者及所有救护人员,应牢记现场对垂危伤员抢救生命的首要目的是救命。为此,实施现场救护的基本步骤可以概括如下。

(一) 采取正确的救护体位

对于意识不清者,取仰卧位或侧卧位,便于复苏操作及评估复苏效果,在可能的情况下,翻转为仰卧位(心肺复苏体位)时应放在坚硬的平面上,救护人员需要在检查后,进行心肺复苏。

若伤员没有意识但有呼吸和脉搏,为了防止呼吸道被舌后坠或唾液及呕吐物阻塞引起窒息,对伤员应采用侧卧位(复原卧式位),唾液等容易从口中引流。体位应保持稳定,易于伤员翻转其他体位,保持利于观察和通畅的气道;超过30min,翻转伤员到另一侧。

注意不要随意移动伤员,以免造成伤害。如不要用力拖动、拉起伤员,不要搬动和摇动已确定有头部或颈部外伤者等。有颈部外伤者在翻身时,为防止颈椎再次损伤引起截瘫,另一人应保持伤员头、颈部与身体同一轴线翻转,做好头、颈部的固定。

(1) 心肺复苏体位(仰卧位)操作方法:救护人员位于伤员的一侧;将伤员的双上肢向头部方向伸直;把伤员远离救护人员一侧的小腿放在另一侧腿上,两腿交叉;救护人员一只手托住伤员的头、颈部,另一只手抓住远离救护人员一侧的伤员腋下或胯部,将伤员整体翻转向救护人员；待伤员翻为仰卧位，再将伤员上肢置于身体两侧。

（2）复原卧式（侧卧位）操作方法：救护人员位于伤员的一侧；救护人员将靠近自身的伤员手臂上举置于头部侧方，伤员另一手肘弯曲置于胸前；把伤员远离救护人员一侧的腿弯曲；救护人员用一只手扶住伤员肩部，另一只手抓住伤员胯部或膝部，轻轻将伤员侧卧；将伤员上方的手置于面颊下方，以维持头部后仰及防止面部朝下。

（3）救护人员体位：救护人员在实施心肺复苏操作时，根据现场伤员的周围处境，选择伤员一侧，将两腿自然分开与肩同宽间距跪贴于（或立于）伤员的肩、腰部，有利于实施操作。

（4）其他体位：头部外伤者，取水平仰卧，头部稍稍抬高。如面色发红，则取头高脚低位；如面色青紫，则取头低脚高位。伤员呼吸心跳停止后，全身肌肉松弛，口腔内的舌肌也容易因松弛下坠而阻塞呼吸道。采用开放气道的方法，可使阻塞呼吸道的舌根上提，使呼吸道畅通。

用最短的时间，先将伤员衣领口、领带、围巾等解开，戴上手套迅速清除伤员口鼻内的污泥、土块、痰、呕吐物等异物，以利于呼吸道畅通，再将气道打开。

①仰头举颏法。救护人员用一只手的小鱼际部位置于伤员的前额并稍加用力使头后仰，另一只手的食指、中指于下颏将下颌骨上提，救护人员手指不要深压颏下软组织，以免阻塞气道。

②仰头抬颈法。救护人员用一只手的小鱼际部位放在伤员前额，向下稍加用力使头后仰，另一只手置于颈部并将颈部上托，无颈部外伤可用此法。

③双下颌上提法。救护人员双手手指放在伤员下颌角，向上或向后方提起下颌；头保持正中位，不能使头后仰，不可左右扭动，适用于怀疑颈椎外伤的伤员。

④手钩异物。如伤员无意识，救护人员用一只手的拇指和其他四指，握住伤员舌和下颌后掰开伤员嘴并上提下颌；救护人员另一只手的食指沿伤员口角内插入，用钩取动作，抠出固体异物。

（二）人工呼吸

（1）判断呼吸。检查呼吸：救护人员将伤员气道打开，利用眼看、耳听、皮肤感觉，在10s时间内判断伤员有无呼吸。侧头用耳听伤员口鼻的呼吸声（一听），用眼看胸部或上腹部随呼吸而上下起伏（二看），用面颊感觉呼吸气流（三感觉）。如果胸廓没有起伏，并且没有气体呼出，伤员即不存在呼吸，这一评估过程不应超过10s。

（2）人工呼吸。救护人员经检查后，判断伤员呼吸停止，应在现场立即给予口对口（口对鼻、口对口鼻）、口对呼吸面罩等人工呼吸救护措施。

（三）胸外挤压

（1）检查循环体征。

①判断心跳（脉搏）：应选大动脉测定脉搏有无搏动。触摸颈动脉，应在5~10s内较迅速地判断伤员有无心跳。

②颈动脉：用一只手食指和中指置于颈中部（甲状软骨）中线，手指从颈中线滑向甲状软骨和胸锁乳突肌之间的凹陷，稍加力度触摸到颈动脉的搏动。

③肱动脉：肱动脉位于上臂内侧，肘和肩之间，稍加力度检查是否有搏动。

检查颈动脉不可用力压迫，避免刺激颈动脉窦使得迷走神经兴奋反射性地引起心跳停止，并且不可同时触摸双侧颈动脉，以防阻断脑部血液供应。

评估循环体征包括正常的呼吸、咳嗽、运动，对人工呼吸的反应，有以下几点须注意：对无反应、无呼吸伤员提供初始呼吸；救护人员侧头用耳靠近伤员的口、鼻，看、听、感觉有无呼吸或咳嗽；快速掌握伤员任何的运动体征；如果伤员没有呼吸、咳嗽、运动，应立即开始胸外心脏按压。

（2）人工循环。救护人员判断伤员已无脉搏搏动，或在危急中不能判明心跳是否停止，脉搏也摸不清，不要反复检查耽误时间，而要在现场进行胸外心脏按压等人工循环及时救护。

（四）紧急止血

救护人员要注意检查伤员有无严重出血的伤口，如有出血，要立即采取止血救护措施，避免因大出血造成休克而死亡。

（五）局部检查

对于同一伤员，第一步是处理危及生命的全身症状，再注意处理局部。要从头部、颈部、胸部、腹部、背部、骨盆、四肢各部位进行检查，检查出血的部位和程度、骨折部位和程度、渗血、脏器脱出和皮肤感觉丧失等。首批进入现场的医护人员应对灾害事故伤员及时作出分类，做好运送前医疗处置，指定运送，救护人员可协助运送，使伤员在最短时间内能获得必要治疗。而且在运送途中要保证对危重伤员进行不间断的抢救。

对危重灾害事故伤员尽快送往医院救治，对某些特殊事故伤害的伤员应送往专科医院。

第三节　化学事故应急救援预案

预案中一般首先应对可能发生的化学事故进行预测，其内容主要包括危险源的位置、源强、性质，事故可能影响的范围，危害的可能严重程度。有条件时可将预测的不同危害区的边界标定在地图上。

一、应急预案的分类

（一）综合应急预案

综合应急预案是生产经营单位应急预案体系的总纲，主要从总体上阐述事故的应急工作原则，包括生产经营单位的应急组织机构及职责、应急预案体系、事故风险描述、预警及信息报告、应急响应、保障措施、应急预案管理等内容。

（二）专项应急预案

专项应急预案是生产经营单位为应对某一类型或某几种类型事故，或者针对重要生产设施、重大危险源、重大活动等内容而定制的应急预案。专项应急预案主要包括事故风险分析、应急指挥机构及职责、处置程序和措施等内容。

（三）现场处置方案

现场处置方案是生产经营单位根据不同事故类型，针对具体的场所、装置或设施所制定的应急处置措施，主要包括事故风险分析、应急工作职责、应急处置和注意事项等内容。生产经营单位应根据风险评估、岗位操作规程以及危险性控制措施，组织本单位现场作业人员及安全管理等专业人员共同编制现场处置方案。

二、现场处置方案的主要内容

（一）事故风险分析

事故风险分析主要包括以下内容：

（1）事故类型。

(2) 事故发生的区域、地点或装置的名称。

(3) 事故发生的可能时间、事故的危害严重程度及其影响范围。

(4) 事故前可能出现的征兆。

(5) 事故可能引发的次生、衍生事故。

(二) 应急工作职责

根据现场工作岗位、组织形式及人员构成，明确各岗位人员的应急工作分工和职责。

(三) 应急处置

应急处置主要包括以下内容：

(1) 事故应急处置程序。根据可能发生的事故及现场情况，明确事故报警、各项应急措施启动、应急救护人员的引导、事故扩大及同生产经营单位应急预案的衔接的程序。

(2) 现场应急处置措施。针对可能发生的火灾、爆炸、危险化学品泄漏、坍塌、水患、机动车辆伤害等，从人员救护、工艺操作、事故控制、消防、现场恢复等方面制定明确的应急处置措施。

(3) 明确报警负责人、报警电话及上级管理部门、相关应急救援单位联络方式和联系人员，明确事故报告基本要求和内容。

(四) 注意事项

注意事项主要包括以下内容：

(1) 佩戴个人防护器具方面的注意事项。

(2) 使用抢险救援器材方面的注意事项。

(3) 采取救援对策或措施方面的注意事项。

(4) 现场自救和互救注意事项。

(5) 现场应急处置能力确认和人员安全防护等事项。

(6) 应急救援结束后的注意事项。

(7) 其他需要特别警示的事项。

三、化工事故应急预案制定程序

(一) 确定出动规模

由于化学事故的性质、严重程度和危害范围不同，需要投入的应急救援力量的性质和数量也各不相同。在确定应急救援力量的出动规模时，要根据事故现场确定的化学事故的情况和本地区现有的人员、器材和装备种类及数量，来确定应投入应急救援力量的性质、数量及力量编程。力量编程中不仅包括各应急救援专业组织之间的编程，而且要指明每个应急救援专业组织应包括的人员、器材装备的种类和数量，及具体的编程方法。

(二) 任务确定

预案中应设立一个具有权威性的应急组织指挥协调机构——化学事故应急救援指挥部，规定各应急专业组织或重要工作人员的职责，明确在不同条件下，各应急专业组织应担负的具体任务，特别要明确任务性质、任务区的位置、可能的任务量，完成任务的时限及报告的方法。同时，要说明可能与哪些队伍在同一地区内完成任务。

(三) 化学事故的危害形式及处置措施

预案制定中要尽可能对化学事故的危害形式进行设定和采取相应处置措施，一般来说，常见危害形式及处置措施有：当发生气态泄漏时应采取堵漏、关阀断源、停产、水幕隔离等措施；当发生火灾性泄漏时应采取关阀断源、堵漏、停产、围火隔离、针对性灭火等措施；当发生爆炸性泄漏应采取针对性灭火、围火排险等措施；当发生固态、液态泄漏应采取堵漏、关阀断源、围栏封堵、回收消毒等措施。

（四）组织指挥

一般地，发生灾害较大的化学事故应成立化学应急救援指挥部，以加强对灾害事故的领导，组织和协调预案中要注明实施救援活动的指挥方式、指挥手段、指挥人员的位置、上级可能派往现场指挥机构的人员名单，以达到上通下达，指挥灵活的效果。

（五）防护措施

预案中要明确不同作业区域的人员分别应采取的最低防护等级、防护手段和防护时机，必须强调指出，在某些特定的化学事故或特定的救援组织中，必须采取特殊的安全防护措施，不能盲目蛮干，以减少对参战人员的伤害。

（六）现场保护和清理

化学事故的应急处置任务完成后，抢险救援人员应加强灾害事故现场的清扫和保护，除了利于防止灾害的再次发生，还利于事故的调查。同时，消防抢险救援人员在化学灾害事故的处理中，要采取洗消、回收毒品等有效措施，以防止环境污染和二次灾害发生，在确认现场安全的情况下，应同相关单位及人员搞好现场的交接，方可撤离。

（七）应急预案的相关附件

在化学事故应急预案中，应附相应简明图标及标记，以方便指挥，辅助决策。

1. 重点危险目标分布图

图中标明，重点危险目标名称、危险物品的名称和理化性质、源高、源强、生产、加工和储存运输量，单位的状况和薄弱环节。同时，还应注明目标区附近人口密度及分布，有影响的地貌地物，交通、公共设施情况，河流及污水井流向等。

2. 灭火救援指挥分工协调流程图

该流程图主要根据指挥权限和抢险救援工作程序，对参与抢险救援专业小组进行任务明确的分工，以利于指挥部对整个救援工作的全程指挥。

3. 应急力量分布图

该图上应标明主要应急救援专业力量的分布状况，每一位置上的专业队伍性质、人数、装备数量、技术性能、综合应急能力和自身防护能力等。

4. 居民疏散图

在发生灾害情况下，该图上应标明在一定时间范围内，主要道路、桥梁、交叉路口能通过人员和车辆的能力，并标明疏散的路线、人员集中点、安置区的位置等。

· 典型例题 ·

某火电厂针对可能发生的火灾、爆炸等事故，编制了一系列应急预案。为保证各种类型预案之间的整体协调性和层级合理性，并实现共性与个性、通用性与特殊性的结合，将编制完成的应急预案划分为三个层级。其中柴油罐区火灾事故应急救援预案属于（　　）。

A. 综合预案

B. 专项预案

C. 现场处置方案

D. 基本预案

【解析】现场处置方案是生产经营单位根据不同事故类型，针对具体的场所、装置或设施所制定的应急处置措施,主要包括事故风险分析、应急工作职责、应急处置和注意事项等内容。生产经营单位应根据风险评估、岗位操作规程以及危险性控制措施,组织本单位现场作业人员及安全管理等专业人员共同编制现场处置方案。

答案:C

第四节 事故应急演练

一、定义

应急演练是指针对事故情景,依据应急预案而模拟开展的预警行动、事故报告、指挥协调、现场处置等活动。

二、应急演练的目的

(1) 检验预案。发现应急预案中存在的问题,提高应急预案的科学性、实用性和可操作性。

(2) 锻炼队伍。熟悉应急预案,提高应急人员在紧急情况下妥善处置事故的能力。

(3) 磨合机制。完善应急管理相关部门、单位和人员的工作职责,提高协调配合能力。

(4) 宣传教育。普及应急管理知识,提高参演和观摩人员风险防范意识和自救互救能力。

(5) 完善准备。完善应急管理和应急处置技术,补充应急装备和物资,提高其适用性和可靠性。

三、应急演练的原则

(1) 符合相关规定。按照国家相关法律法规、标准及有关规定组织开展演练。

(2) 切合企业实际。结合企业生产安全事故特点和可能发生的事故类型组织开展演练。

(3) 注重能力提高。以提高指挥协调能力、应急处置能力为主要出发点组织开展演练。

(4) 确保安全有序。在保证参演人员及设备设施安全的条件下组织开展演练。

四、应急演练的类型

按应急演练组织形式的不同,可分为桌面演练和现场演练两类。

(一)桌面演练

桌面演练指针对事故情景,利用图纸、沙盘、流程图、计算机、视频等辅助手段,依据应急预案而进行交互式讨论或模拟应急状态下应急行动的演练活动。

(二)现场演练

现场演练指选择(或模拟)生产经营活动中的设备设施、装置或场所,设定事故情景,依据应急预案而模拟开展的演练活动。

按应急演练内容的不同,可以分为单项演练和综合演练两类。

(1) 单项演练。指针对应急预案中某项应急响应功能开展的演练活动。

(2) 综合演练。指针对应急预案中多项或全部应急响应功能开展的演练活动。

五、应急演练的内容

（1）预警与报告。根据事故情景，向相关部门或人员发出预警信息，并向有关部门和人员报告事故情况。

（2）指挥与协调。根据事故情景，成立应急指挥部，调集应急救援队伍和相关资源，开展应急救援行动。

（3）应急通信。根据事故情景，在应急救援相关部门或人员之间进行音频、视频信号或数据信息互通。

（4）事故监测。根据事故情景，对事故现场进行观察、分析或测定，确定事故严重程度、影响范围和变化趋势等。

（5）警戒与管制。根据事故情景，建立应急处置现场警戒区域，实行交通管制，维护现场秩序。

（6）疏散与安置。根据事故情景，对事故可能波及范围内的相关人员进行疏散、转移和安置。

（7）医疗卫生。根据事故情景，调集医疗卫生专家和卫生应急队伍开展紧急医学救援，并开展卫生监测和防疫工作。

（8）现场处置。根据事故情景，按照相关应急预案和现场指挥部要求对事故现场进行控制和处理。

（9）社会沟通。根据事故情景，召开新闻发布会或事故情况通报会，通报事故有关情况。

（10）后期处置。根据事故情景，应急处置结束后，开展事故损失评估、事故原因调查、事故现场清理和相关善后工作。

（11）其他。根据相关行业（领域）安全生产特点开展其他应急工作。

六、综合演练的组织与实施

（一）演练计划

演练计划应包括演练目的、类型（形式）、时间、地点、演练主要内容、参加单位和经费预算等。

（二）演练准备

1. 成立演练组织机构

综合演练通常成立演练领导小组，下设策划组、执行组、保障组、评估组等专业工作组。根据演练规模大小，其组织机构可进行调整。

2. 编制演练文件

演练工作方案内容主要包括：应急演练目的及要求；应急演练事故情景设计；应急演练规模及时间；参演单位和人员主要任务及职责；应急演练筹备工作内容；应急演练主要步骤；应急演练技术支撑及保障条件；应急演练评估与总结。

演练脚本一般采用表格形式，主要内容包括：演练模拟事故情景；处置行动与执行人员；指令与对白、步骤及时间安排；视频背景与字幕；演练解说词等等。

演练评估方案通常包括以下几点。演练信息：应急演练目的和目标、情景描述、应急行动与应对措施简介等；评估内容：应急演练准备、应急演练组织与实施、应急演练效果等；评估标准：应急演练各环节应达到的目标评判标准；评估程序：演练评估工作主要步骤及任务分工；附件：演练评估所需要用到的相关表格等。

针对应急演练活动可能发生的意外情况制定演练保障方案或应急预案，并进行演练，做到相关人员应知应会，熟练掌握。演练保障方案应包括应急演练可能发生的意外情况、应急处置措施及责任部门，应急演练意外情况中止条件与程序等。

根据演练规模和观摩需要，可编制演练观摩手册。演练观摩手册通常包括应急演练时间、地点、情景描述、主要环节及演练内容、安全注意事项等。

（三）演练工作保障

演练工作保障包括人员保障、经费保障、物资和器材保障、场地保障、安全保障、通信保障、其他保障。

（四）应急演练的实施

熟悉演练任务和角色：组织各参演单位和参演人员熟悉各自参演任务和角色，并按照演练方案要求组织开展相应的演练准备工作。

组织预演：在综合应急演练前，演练组织单位或策划人员可按照演练方案或脚本组织桌面演练或合成预演，熟悉演练实施过程的各个环节。

安全检查：确认演练所需的工具、设备设施、技术资料以及参演人员到位。对应急演练安全保障方案以及设备设施进行检查确认，确保安全保障方案可行，所有设备设施完好。

应急演练：应急演练总指挥下达演练开始指令后，参演单位和人员按照设定的事故情景，实施相应的应急响应行动，直至完成全部演练工作。演练实施过程中出现特殊或意外情况，演练总指挥可决定中止演练。

演练记录：演练实施过程中，安排专门人员采用文字、照片和音像等手段记录演练过程。

评估准备：演练评估人员根据演练事故情景设计以及具体分工，在演练现场实施过程中展开演练评估工作，记录演练中发现的问题或不足，收集演练评估需要的各种信息和资料。

演练结束：演练总指挥宣布演练结束，参演人员按预定方案集中进行现场讲评或者有序疏散。

七、应急演练评估、总结和演练资料归档与备案

（一）应急演练评估

（1）现场点评。应急演练结束后，在演练现场，评估人员或评估组负责人对演练中发现的问题、不足及取得的成效进行口头点评。

（2）书面评估。评估人员针对演练中观察记录以及收集的各种信息资料，依据评估标准对应急演练活动全过程进行科学分析和客观评价，并撰写书面评估报告。评估报告的重点是对演练活动的组织和实施、演练目标的实现、参演人员的表现以及演练中暴露的问题。

（二）应急演练总结

演练结束后，由演练组织单位根据演练记录、演练评估报告、应急预案、现场总结等材料，对演练进行全面总结，并形成演练书面总结报告。报告可对应急演练准备、策划等工作进行简要总结分析。参与单位也可对本单位的演练情况进行总结。

演练总结报告的内容主要包括：演练基本概要；演练发现的问题，取得的经验和教训；应急管理工作建议。

（三）演练资料归档与备案

（1）应急演练活动结束后，将应急演练工作方案以及应急演练评估、总结报告等文字资

料，以及记录演练实施过程的相关图片、视频、音频等资料归档保存。

（2）对主管部门要求备案的应急演练资料，演练组织部门（单位）应将相关资料报主管部门备案。

八、应急演练持续改进

（一）应急预案修订完善

根据演练评估报告中对应急预案的改进建议，由应急预案编制部门按程序对预案进行修订完善。

（二）应急管理工作改进

应急演练结束后，组织应急演练的部门（单位）应根据应急演练评估报告、总结报告提出的问题和建议对应急管理工作（包括应急演练工作）进行持续改进。

组织应急演练的部门（单位）应督促相关部门和人员，制定整改计划，明确整改目标，制定整改措施，落实整改资金，并应跟踪督查整改情况。

> · 典型例题 ·
>
> 应急演练分为桌面演练和现场演练两类，是根据（　　）进行的划分。
> A. 演练形式　　　　　　　　　　B. 演练内容
> C. 演练人员　　　　　　　　　　D. 演练过程
> 【解析】按应急演练组织形式的不同，可分为桌面演练和现场演练两类。
>
> 答案：A

第五节　应急救援器材

应急救援设备与资源是开展应急救援工作必不可少的条件。为保证应急工作的有效实施，各应急部门都应制定应急救援装备的配备标准。应急救援装备的配备应根据各自承担的应急救援任务和要求选配。选择装备要根据实用性、功能性、耐用性和安全性，以及客观条件配置。

一、应急救援的装备分类

事故应急救援的装备可分为两大类：基本装备和专用救援装备。

（一）应急救援基本装备

（1）通信装备。目前，我国应急救援所用的通信装备一般分为有线和无线两类，在救援工作中，常采用无线和有线两套装置配合使用。移动电话（手机）和固定电话是通信中常用的工具，由于使用方便，拨打迅速，在社会救援中已成为常用的工具。在近距离的通信联系中，也可使用对讲机。另外，传真机的应用缩短了空间的距离，使救援工作所需要的有关资料能及时传送到事故现场。

（2）交通工具。良好的交通工具是实施快速救援的可靠保证，在应急救援行动中常用汽车和飞机作为主要的运输工具。

我国的救援队伍主要以汽车为交通工具，在远距离的救援行动中，借助民航和铁路运输，在海面、江河水网，救护汽艇也是常用的交通工具。另外，任何交通工具，只要对救援工作有利，都能运用，如各种汽车、畜力车，甚至人力车等。

（3）照明装置。重大事故现场情况较为复杂，在实施救援时需要良好的照明。因此，需对救援队伍配备必要的照明工具，有利于救援工作的顺利进行。

照明装置的种类较多，在配备照明工具时除应考虑照明的亮度外，还应根据事故现场情况，注意其安全性能和可靠性，如工程救援所用的电筒应选择防爆型电筒。

（4）防护装备。有效地保护自己，才能保证救援工作的成效。在事故应急救援行动中，各类救援人员均需配备个人防护装备。个人防护装备可分为防毒面罩、防护服、耳塞和保险带等。在有毒救援的场所，救援指挥人员、医务人员和其他不进入污染区域的救援人员多配备过滤式防毒面具。对于工程、消防和侦检等进入污染区域的救援人员应配备密闭型防毒面罩。目前，常用正压式空气呼吸器。

（二）专用装备

主要指各专业救援队伍所用的专用工具（物品）。在现场紧急情况下，需要使用的大量的应急设备与资源。如果没有足够的设备与物质保障，例如没有消防设备、个人防护设备、清扫泄漏物的设备或是设备选择不当，即使是受过很好的训练的应急队员面对灾害也无能为力。随着科技的进步，现在有不少新型的专用装备出现，如消防机器人、电子听漏仪等。

各专业救援队在救援装备的配备上，除本着实用、耐用和安全的原则外，还应及时总结经验，自己动手研制一些简易可行的救援工具。在工程救援方面，一些简易可行的救援工具往往会产生意想不到的较好效果。

侦检装备，应具有快速准确的特点，随着现代电子和计算机技术的发展，产生了不少新型的侦检装备，侦检装备应根据所救援事故的特点来配备。在化工救援中，多采用检测管和专用气体检测仪，优点是快速、安全、操作容易、携带方便，缺点是具有一定的局限性。国外采用专用监测车，除配有取样器、监测仪器外，还装备了计算机处理系统，能及时对水源、空气、土壤等样品就地实行分析处理，及时检测出毒物和毒物的浓度，并计算出扩散范围等救援所需的各种救援数据。在煤矿救援中，多采用瓦斯检测仪等。

医疗急救器械和急救药品的选配应根据需要，有针对性地加以配置。急救药品，特别是特殊、解毒药品的配备，应根据化学毒物的种类备好一定数量的解毒药品。世界卫生组织为应对灾害的卫生救援需要，编制了紧急卫生材料包标准，由两种药物清单和一种临床设备清单组成，还有一本使用说明书，现已被各国当局和救援组织采用。

事故现场必需的常用应急设备与工具有：

（1）消防设备：输水装置、软管、喷头、自用呼吸器、便携式灭火器等。

（2）危险物质泄漏控制设备：泄漏控制工具、探测设备、封堵设备、解除封堵设备等。

（3）个人防护装备：防护服、手套、安全靴、呼吸保护装置等。

（4）通信联络设备：对讲机、移动电话、电话、传真机、电报等。

（5）医疗支持设备：救护车、担架、夹板、氧气、急救包等。

（6）急救药品：去甲肾上腺素、肾上腺素、哌替啶等。

（7）应急电力设备：主要是备用的发电机。

（8）资料：计算机及有关数据库和软件包、参考书、工艺文件、行动计划、材料清单等。

由于我国各地的经济技术的发展水平和对应急救援重视程度的不同，在应急救援装备的配备上有一定差异。总的来说，大都存在装备不足和装备落后的情况。所以平时须做好现有应急救援装备的保管工作，保证装备处于良好的使用状态，一旦发生事故就能立即投入使用。

二、危险化学品单位应急救援物资配备要求

根据《危险化学品单位应急救援物资配备要求》(GB 30077—2013)的要求，危险化学品生产和储存单位应急救援物资的配备应符合规范的要求，危险化学品使用、经营、运输和处置废弃单位应急救援物资的配备参照执行。

其他配备要求：

(1) 危险化学品单位除作业场所和应急救援队伍外的其他部门应根据应急响应过程中所承担的职责配备有关的应急救援物资。

(2) 沿江河湖海的危险化学品单位应配备水上灭火抢险救援、水上泄漏物处置和防汛排涝物资。

(3) 除作业场所的应急救援物资外的其他应急救援物资，可由危险化学品单位与其周边地区其他相关单位或应急救援机构签订互助协议，并能在这些单位或机构接到报警后5min内到达现场，可作为本单位的应急救援物资。

同步强化训练

一、单项选择题

1. 任何年龄的外伤或呼吸暂停患者，打电话呼救前接受（　　）的心肺复苏都是非常必要的。
   A. 1min　　　　B. 2min　　　　C. 3min　　　　D. 4min

2. 在现场抢救的过程中，下列不属于现场救护原则的是（　　）。
   A. 先救命后治伤　　　　　　　B. 先重伤后轻伤
   C. 先抢后救　　　　　　　　　D. 先救后抢

3. 判断心跳（脉搏）应选大动脉测定脉搏有无搏动。触摸颈动脉，应在（　　）内较迅速地判断伤员有无心跳。
   A. 3~5s　　　　B. 10~15s　　　C. 5~10s　　　D. 15~20s

4. 眼睛被污染后，应立即提起眼睑，并同时用大量的水清洗（　　）。
   A. 3min　　　　　　　　　　　B. 5min
   C. 10min　　　　　　　　　　 D. 15min

5. 下列关于应急评估说法中，错误的是（　　）。
   A. 应急演练结束后，评估人员或评估组负责人对演练中发现的问题、不足及取得的成效进行口头点评，但是不能进行现场提问
   B. 评估人员认真观察演练中的情况，并做好记录以及收集各种信息资料的工作
   C. 评估报告针对的重点是演练活动的组织和实施、演练目标的实现、参演人员的表现以及演练中暴露的问题
   D. 评估人员依据评估标准对应急演练活动全过程进行科学分析和客观评价，并撰写书面评估报告

二、多项选择题

1. 救护人员需要首先确认并立即处理威胁生命的情况，检查伤员的（　　）等。
   A. 身份　　　　　　　　　　　B. 意识
   C. 气道　　　　　　　　　　　D. 呼吸
   E. 循环体征

2. 下列属于应急救援器材装备的基本要求的有（　　）。
   A. 在使用上要方便事故应急救援人员
   B. 破拆起重器材要贴近实战的需要
   C. 各种堵漏、输转器材还有待完善
   D. 侦检器材要实用简易化，精益求精
   E. 应急救援器材装备理论上的可行性胜于实战的需要
3. 按应急演练内容的不同，可以分为（　　）两类。
   A. 单项演练　　　　　　　　　　B. 桌面演练
   C. 功能演练　　　　　　　　　　D. 综合演练
   E. 区域演练

参考答案及解析

一、单项选择题

1. 【答案】A
   【解析】任何年龄的外伤或呼吸暂停患者，打电话呼救前接受1min的心肺复苏都是非常必要的。

2. 【答案】D
   【解析】现场救护原则是先救命后治伤，先重伤后轻伤，先抢后救，抢中有救，尽快脱离事故现场，先分类再运送，医护人员以救为主，其他人员以抢为主，各负其责，相互配合，以免延误抢救时机。

3. 【答案】C
   【解析】检查循环体征：判断心跳（脉搏）应选大动脉测定脉搏有无搏动。触摸颈动脉，应在5～10s内较迅速地判断伤员有无心跳。

4. 【答案】D
   【解析】眼睛被污染后，应立即提起眼睑，并同时用大量的水进行清洗15min。

5. 【答案】A
   【解析】不影响演练进度的情况下可以进行现场提问。

二、多项选择题

1. 【答案】BCDE
   【解析】在现场巡视后进行对伤员的最初评估。发现伤员后，尤其是处在情况复杂的现场时，救护人员需要首先确认并立即处理威胁生命的情况，检查伤员的意识、气道、呼吸、循环体征等。

2. 【答案】ABCD
   【解析】应急救援器材装备的基本要求包括：①在使用上要方便事故应急救援人员；②破拆起重器材要贴近实战的需要；③各种堵漏、输转器材还有待完善；④侦检器材要实用简易化，精益求精。

3. 【答案】AD
   【解析】按应急演练内容的不同，可以分为单项演练和综合演练两类。

第八章
化工火灾扑救

运用化工安全相关技术和标准，掌握灭火剂类型、工作原理、适用对象；掌握化工企业消防器材和设施配备要求，以及使用和维护要求。

第一节　火灾分类及火灾事故类型

扫码听课

一、火灾的分类

《火灾分类》（GB/T 4968—2008）按可燃物的类型和燃烧特性将火灾分为 6 类。

A 类火灾：指固体物质火灾，这种物质通常具有有机物性质，一般在燃烧时能产生灼热余烬，如木材、棉、毛、麻、纸张火灾等。

B 类火灾：指液体或可熔化的固体物质火灾，如汽油、煤油、柴油、原油、甲醇、乙醇、沥青、石蜡火灾等。

C 类火灾：指气体火灾，如煤气、天然气、甲烷、乙烷、丙烷、氢气火灾等。

D 类火灾：指金属火灾，如钾、钠、镁、钛、锆、锂、铝镁合金火灾等。

E 类火灾：指带电火灾，是物体带电燃烧的火灾，如发电机、电缆、家用电器等。

F 类火灾：指烹饪器具内烹饪物火灾，如动植物油脂等。

二、火灾等级的划分

公安部《关于调整火灾等级标准的通知》（公传发〔2007〕245 号），根据《生产安全事故报告和调查处理条例》（国务院令第 493 号）规定的生产安全事故等级，按照一次火灾事故造成的人员伤亡情况和直接财产损失的严重程度，将火灾等级划分为 4 类，即特别重大、重大、较大和一般火灾。

（1）特别重大火灾，是指造成 30 人以上（含本数，下同）死亡，或者 100 人以上重伤，或者 1 亿元以上直接财产损失的火灾。

（2）重大火灾，是指造成 1 人以上 30 人以下（不含本数，下同）死亡，或者 50 人以上 100 人以下重伤，或者 5 000 万元以上 1 亿元以下直接财产损失的火灾。

（3）较大火灾，是指造成 3 人以上 10 人以下死亡，或者 10 人以上 50 人以下重伤，或者 1 000 万元以上 5 000 万元以下直接财产损失的火灾。

（4）一般火灾，是指造成 3 人以下死亡，或者 10 人以下重伤，或者 1 000 万元以下直接财产损失的火灾。

· 典型例题 ·

1. 下列关于火灾分类的说法中，不正确的是（　　）。

A. 动植物油脂发生的火灾属于 F 类火灾

B. 发电机、电缆火灾属于 E 类火灾

C. 汽油、煤油、原油火灾属于 B 类火灾

D. 沥青、石蜡火灾属于 A 类火灾

【解析】A 类火灾指的是固体火灾，如木材、棉、毛、麻、纸张火灾等。

2. 火灾可按照一次火灾事故造成的人员伤亡、受灾户数和财产直接损失金额进行分类，也可按照物质的燃烧特性进行分类。根据《火灾分类》（GB/T 4968—2008），下列关于火灾分类的说法中，正确的是（　　）。

A. B 类火灾是指固体物质火灾和可熔化的固体物质火灾

B. C类火灾是指气体火灾

C. E类火灾是指烹饪器具内烹饪物火灾

D. F类火灾是指带电火灾，是物体带电燃烧火灾

【解析】①A类火灾：指固体物质火灾。这种物质通常具有有机物质性质，一般在燃烧时能产生灼热的余烬。如木材、干草、煤炭、棉、毛、麻、纸张等火灾。②B类火灾：指液体或可熔化的固体物质火灾。如煤油、柴油、原油、甲醇、乙醇、沥青、石蜡、塑料等火灾。③C类火灾：指气体火灾。如煤气、天然气、甲烷、乙烷、丙烷、氢气等火灾。④D类火灾：指金属火灾。如钾、钠、镁、钛、铝镁合金等火灾。⑤E类火灾：指带电火灾。物体带电燃烧的火灾。⑥F类火灾：指烹饪器具内的烹饪物。如动植物油脂等火灾。

3. 某化工技术有限公司污水处理车间发生火灾，经现场勘察，污水处理车间内主要含有水、甲苯、焦油、少量废催化剂（雷尼镍）等，事故调查分析发现，雷尼镍自燃引起甲苯爆燃。根据《火灾分类》（GB/T 4968—2008），该火灾属于（　　）。

A. B类火灾　　　　　　　　　　　　B. A类火灾

C. C类火灾　　　　　　　　　　　　D. D类火灾

【解析】B类火灾：指液体或可熔化的固体物质火灾。甲苯属于液体，故为B类火灾。

答案：1.D　2.B　3.A

第二节　灭火剂类型与工作原理

一、灭火器与灭火剂

灭火器，又称灭火筒，是一种可携式灭火工具。灭火器内藏化学物品，用以灭火。灭火器是常见的防火设施之一，存放在公众场所或可能发生火灾的地方。因为其设计简单可携，一般人亦能使用，来扑灭刚发生的小火。不同种类的灭火器内藏的成分不一样，是专为不同的火灾而设。使用时必须注意，以免产生反效果及引起危险。任何家庭或办公室都必须配备灭火器。虽然灭火器很可能经年在墙壁上不断积累灰尘，但某一天，它可能挽救人们的财产甚至生命。

灭火剂能够有效地破坏燃烧条件，中止燃烧。灭火剂的性能各不相同，只有正确地使用到不同的灭火战斗中去，才能迅速扑灭火灾。

（一）灭火剂分类

1. 水

水是自然界中分布最广、最廉价的灭火剂。由于水具有较高的比热〔4.186 J/（g·℃）〕和气化潜热（2260J/g），因此，在灭火中其冷却作用十分明显，主要依靠冷却和窒息作用进行灭火。水的主要缺点是产生水渍损失和造成污染，不能用水扑救的火灾大致有6种：带电物体火灾、遇水易燃品和金属（如铝粉）火灾、高温物体火灾、不能用直流水扑救（浓硫酸、浓硝酸和盐酸）火灾和可燃粉尘（如煤粉）聚集处的火灾、特殊物品（如贵重设备、精密仪器、图书、档案）火灾和遇水可风化的物品火灾、非水溶性可燃液体的火灾（例外：原油、重油可以用雾状水流扑救）。

2. 泡沫灭火剂

泡沫灭火剂是通过其与水混溶、采用机械或化学反应的方法产生泡沫的灭火剂。一般由化学物质、水解蛋白或由表面活性剂和其他添加剂的水溶液组成。泡沫灭火剂的灭火机理主要是冷却、窒息作用，即在着火的燃烧物表面形成一个连续的泡沫层，通过泡沫本身和所析出的混合液对燃烧物表面进行冷却，以及通过泡沫层的覆盖作用使燃烧物与氧气隔绝而灭火。泡沫灭火剂的主要缺点是水渍损失和污染，不能用于带电火灾的扑救。主要的泡沫灭火剂有：蛋白泡沫灭火剂、氟蛋白泡沫灭火剂、轻水泡沫灭火剂、抗溶性泡沫灭火剂和高倍数泡沫灭火剂。按发泡倍数泡沫灭火剂分为三种：发泡倍数在 20 倍以下的称为低倍数泡沫灭火剂；在 21~200 倍之间的称为中倍数泡沫灭火剂；在 201~1 000 倍之间的称为高倍数泡沫灭火剂。

3. 干粉灭火剂

干粉灭火剂是一种易于流动的微细固体粉末，由具有灭火效能的无机盐和少量的添加剂经干燥、粉碎、混合而成微细固体粉末。其主要依靠化学抑制和窒息作用灭火。除扑救金属火灾的专用干粉灭火剂外，常用干粉灭火剂一般分为 BC 干粉灭火剂和 ABC 干粉灭火剂两大类，如碳酸氢钠干粉、改性钠盐干粉、磷酸二氢铵干粉、磷酸氢二铵干粉等。干粉灭火剂主要通过在加压气体的作用下喷出的粉雾与火焰接触、混合时发生的物理、化学作用灭火。一是靠干粉中的无机盐的挥发性分解物与燃烧过程中燃烧物质所产生的自由基发生化学抑制和负化学催化作用，使燃烧的链式反应中断而灭火；二是靠干粉的粉末落到可燃物表面上，发生化学反应，并在高温作用下形成一层覆盖层，从而隔绝氧气窒息灭火。干粉灭火剂的主要缺点是对精密仪器火灾易造成污染，也不适用于扑救木材、轻金属和碱金属火灾。但可用于扑救可燃液体、气体和电气设备的火灾，或者与氟蛋白泡沫和轻水泡沫联用能够扑灭大面积油类火灾。

4. 二氧化碳灭火剂

二氧化碳是一种气体灭火剂，在自然界中存在也较为广泛，价格低、获取容易。现在国内二氧化碳灭火剂是在灭火器和灭火系统中使用量都较大的气体灭火剂。其灭火主要依靠窒息作用和部分冷却作用。灭火时，二氧化碳气体可以排除空气而包围在燃烧物体的表面或分布于较密闭的空间中，降低可燃物周围或防护空间内的氧气浓度，产生窒息作用而灭火。同时，二氧化碳从存储容器中喷出时，会迅速汽化成气体，从周围吸收热量起到冷却的作用。主要缺点是灭火需要的二氧化碳浓度高，会使人员受到窒息毒害。

5. 气溶胶灭火剂

气溶胶灭火剂主要有热气溶胶和冷气溶胶两类。热气溶胶是由固体组合物燃烧生成的凝集型气溶胶。事实上，热气溶胶灭火剂是一种由气溶胶灭火剂发生剂在使用场所现场"制造"的灭火剂。而气溶胶灭火剂发生剂一般由氧化剂、还原剂、性能添加剂和黏合剂组成。主要有 K 型气溶胶灭火剂发生剂和 S 型气溶胶灭火剂发生剂两种类型。气溶胶灭火剂的固体产物中主要成分是金属盐类、金属氧化物，其本身是不能够灭火的，它是通过自身氧化还原的燃烧反应之后的产物水蒸气、CO_2、N_2 等来进行灭火，也就是说它们主要以化学抑制为主、物理的降温冷却为辅来进行灭火。因为不需要耐压容器，所以灭火效率比干粉灭火剂更高。

气溶胶灭火剂的灭火效率高，综合费用低，安全性能好，无毒性，对环境友好，它所选择的原材料大都是价格低廉且容易得到的，成本较低，灭火时几乎可以像气体一样绕过障碍物以全淹没的方式来进行灭火，在火灾空间能够停留较长时间。但气溶胶发生剂的释放过程实质是氧化还原的燃烧反应，会有高温火焰产生；在有大风的情况下，气溶胶灭火剂会很容易被吹散。当然最主要的问题还是燃烧反应所产生的高温，另外，气溶胶灭火剂的腐蚀性严重。由气溶胶灭火剂在喷射时几乎没有能见度,严重影响火场救生和逃逸,在有人员存在的场所不能选用此类灭火剂。

冷气溶胶灭火剂是利用机械或高压气流将固体或液体超细灭火微粒分散于气体中而形成的灭火气溶胶。目前应用于冷气溶胶灭火剂中的灭火微粒均是由物理分散或化学分散法制成的。冷气溶胶克服了热气溶胶的不安全因素,其灭火机理与热气溶胶雷同。关键技术在于超细粉末的制备,防潮结块和气体驱动装置。

(二) 灭火剂毒性

二氟一氯一溴甲烷:常温略带芳香味道,有毒性,使用后必须通风以防中毒或窒息。

三氟一溴甲烷:常温略带芳香味道,有毒性,使用后必须通风以防中毒或窒息。

四氟二溴乙烷:常温略带芳香味道,遇热高温有毒,使用时必须戴好防毒面具。

二氟二溴甲烷:常温略带芳香味道,有毒性,使用后必须通风以防中毒或窒息。

HFC—227ea:常温无色无味,没有毒性,使用后无须通风。

二氧化碳:常温无毒无味,气体有窒息性,使用后必须通风以防窒息。

四氯化碳:常温略带甜味,遇明火有毒性,使用后必须通风以防窒息。

干粉($NaHCO_3$):常温无毒无味,灭火时易刺激呼吸道,使用后必须通风。

干粉($NH_4H_2PO_4$):常温无毒无味,灭火时易刺激呼吸道,使用后必须通风。

干粉($NH_4H_2PO_4+NaHCO_3$):常温无毒无味,灭火时易刺激呼吸道,使用后必须通风。

> · 典型例题 ·
>
> 泡沫灭火剂按发泡倍数分为低倍数、中倍数和高倍数泡沫灭火剂。高倍数泡沫灭火剂的发泡倍数为(　　)。
>
> A. 101～1 000 倍　　　　　　　　　　　B. 201～1 000 倍
> C. 301～1 000 倍　　　　　　　　　　　D. 401～1 000 倍
>
> 【解析】按发泡倍数泡沫灭火剂分为三种:发泡倍数在 20 倍以下的称低倍数泡沫灭火剂;在 21～200 倍之间的称中倍数泡沫灭火剂;在 201～1 000 倍之间的称高倍数泡沫灭火剂。
>
> 答案:B

第三节　灭火剂的工作原理与适用对象

一、不同类型灭火剂的工作原理

(一) 泡沫灭火剂

主要成分:硫酸铝溶液〔$Al_2(SO_4)_3$〕、碳酸氢钠溶液($NaHCO_3$)。

灭火原理:两种溶液混合在一起,就会产生大量的二氧化碳气体。在燃烧物表面形成的泡沫覆盖层,使燃烧物表面与空气隔绝,起到窒息灭火的作用。泡沫层能阻止燃烧区的热量作用于燃烧物质的表面,因此,可防止可燃物本身和附近可燃物的蒸发。泡沫析出的水对燃烧物表面进行冷却,泡沫受热蒸发产生的水蒸气可以降低燃烧物附近的氧气浓度。化学反应式为:

双水解反应

$$Al_2(SO_4)_3+6NaHCO_3=2Al(OH)_3(\downarrow)+6CO_2(\uparrow)+3Na_2SO_4$$

适合的火灾类型：适用于扑救木材、棉、麻、纸张等火灾，也能扑救石油制品、油脂等火灾；但不能扑救水溶性可燃、易燃液体的火灾，如醇、酯、醚、酮等物质的火灾。存放应选择干燥、阴凉、通风并取用方便之处，不可靠近高温或可能受到曝晒的地方，以防止碳酸分解而失效，冬季要采取防冻措施，以防止冻结，并应经常擦除灰尘。

（二）干粉灭火剂

主要成分：有灭火效能的无机盐和少量的添加剂的微细固体粉末。干粉灭火剂分为BC干粉灭火剂和ABC干粉灭火剂两大类。普通干粉灭火剂主要是全硅化碳酸氢钠干粉，这类灭火剂适用于扑灭B类火灾和C类火灾，又称为BC类干粉。多用途干粉灭火剂主要是磷酸铁盐干粉，具有抗复燃的性能，不仅适用于扑救液体火灾、气体火灾，还适用于扑救一般固体物质的火灾（A类火灾），因此又称ABC类干粉。

灭火原理：主要通过在加压气体作用下喷出的粉雾与火焰接触灭火。一是消除燃烧物产生的活性游离子，使燃烧的连锁反应中断，二是干粉遇到高温分解时吸收大量的热，并放出蒸气和二氧化碳以达到冷却和稀释燃烧区空气中氧气的作用。

适合的火灾类型：适用于扑救可燃液体、气体、电气火灾以及不宜用水扑救的火灾。ABC干粉灭火器可以扑救带电物质火灾。

（三）二氧化碳灭火剂

主要成分：二氧化碳（CO_2）。

灭火原理：当燃烧区二氧化碳在空气的含量达到30%～35%时，能使燃烧中止，有窒息作用；同时，二氧化碳在喷射灭火过程中吸收一定的热能，也就有一定的冷却作用。

适合火灾类型：适用于扑救600V以下电气设备、精密仪器、图书、档案的火灾，以及范围不大的油类、气体和一些不能用水扑救的物质的火灾。

（四）1211灭火器

主要成分：二氟一氯一溴甲烷（CF_2ClBr）。

灭火原理：一种卤代烷灭火剂，以液态罐装在钢瓶内，主要是抑制燃烧的连锁反应，中止燃烧。同时，兼有一定的冷却和窒息作用。

适合的火灾类型：①甲烷、乙烷、丙烷、煤气、天然气等可燃气体的火灾；②液态烃类、醇、醛、酮、醚、苯类等甲、乙、丙类液体的火灾；③纸张、木材、织物的初期火灾，塑料、橡胶等可燃固体的火灾；④变压器、发电机、电动机、变配电设备等的电气火灾。尤其适用于扑救精密仪表、计算机、珍贵文物以及贵重物资仓库的火灾，也能扑救飞机、汽车、轮船、宾馆等场所的初期火灾。

二、灭火器的选择

（一）选择灭火器时应遵循的规定

（1）扑救A类火灾应选用水型、泡沫、干粉、卤代烷等灭火器。

（2）扑救B类火灾应选用干粉、泡沫、卤代烷、二氧化碳等灭火器，扑救水溶性B类火灾不得选用化学泡沫灭火器。

（3）扑救C类火灾应选用干粉、卤代烷、二氧化碳灭火器。

（4）扑救带电设备火灾应选用卤代烷、二氧化碳、干粉灭火器。

（5）扑救A、B、C类和带电设备火灾应选用干粉、卤代烷灭火器。

（6）扑救D类火灾应选用专用干粉灭火器。

（二）灭火器的种类和保护对象

（1）扑救文物档案应选用二氧化碳、四氯化碳、1211、二氟二溴甲烷、2402、1301、七氟丙烷、六氟丙烷灭火器。

（2）扑救易燃液体应该选用干粉、二氧化碳、四氯化碳、1211、二氟二溴甲烷、1301、2402、七氟丙烷、六氟丙烷、抗溶泡沫灭火器。

（3）扑救易燃气体应该选用干粉、二氧化碳、四氯化碳、1211、二氟二溴甲烷、1301、2402、七氟丙烷、六氟丙烷灭火器。

（4）扑救电气设备火灾应该选用干粉、二氧化碳、四氯化碳、1211、二氟二溴甲烷、1301、2402、七氟丙烷、六氟丙烷灭火器。

（5）扑救精密仪器火灾应该选用二氧化碳、四氯化碳、1211、二氟二溴甲烷、1301、2402、七氟丙烷、六氟丙烷灭火器。

（三）水不能灭的火灾种类

（1）带电火灾不能用水直接扑灭，因为可能触电或者对电气设备造成极大损害，应选用磷酸铵盐干粉、二氧化碳灭火器。

（2）油脂类、酒精类火灾，因为油、酒精比水轻，前者就会浮在水面上，增大燃烧面积从而增加损失，油滴乱溅还会灼伤皮肤，因此扑灭油脂类、酒精类火灾应采用空气隔离法，用身边的物体，如锅盖等立即将燃烧物体盖住，达到隔离空气的效果。

（3）气体燃烧一般应选用干粉、二氧化碳灭火器。

（4）金属类火灾一般采用干沙或者泥土覆盖。

·典型例题·

1. 灭火器由筒体、器头、喷雾等部件组成，借助驱动压力可将所充装的灭火剂喷出。灭火器结构简单，操作方便，轻便灵活，使用面广，是扑救初期火灾的重要消防器材。下列灭火器中，适用于扑救精密仪器仪表初期火灾的是（　　）。

A. 二氧化碳灭火器　　　　　　　　B. 泡沫灭火器
C. 酸碱灭火器　　　　　　　　　　D. 干粉灭火器

【解析】由于二氧化碳不含水、不导电、无腐蚀性，对绝大多数物质无破坏作用，可以用来扑灭精密仪器和一般电气火灾。它还适于扑救可燃液体和固体火灾，特别是那些不能用水灭火以及受到水、泡沫、干粉等灭火剂灭火时容易受到污损的固体物质火灾。

2. 干粉灭火器是以液态二氧化碳或氮气作为动力，将灭火器内干粉灭火剂喷出进行灭火，按使用范围可分为普通干粉和多用干粉两类。下列火灾类型中，可选取多用干粉灭火器进行灭火的有（　　）。

A. 轻金属火灾　　　　　　　　　　B. 可燃液体火灾
C. 带电设备火灾　　　　　　　　　D. 可燃气体火灾
E. 一般固体物质火灾

【解析】干粉灭火器不仅适用于扑救可燃液体、可燃气体和带电设备的火灾，还适用于扑救一般固体物质火灾，但都不能扑救轻金属火灾。

3. 不同火灾场景应使用相应的灭火剂，选择正确的灭火剂是灭火的关键。下列火灾中，能用水灭火的是（　　）。

A. 普通木材家具引发的火灾　　　　B. 未切断电源的电气火灾
C. 硫酸、盐酸和硝酸引发的火灾　　D. 高温状态下化工设备火灾

【解析】 不能使用水扑灭的火灾包括：密度小于水和不溶于水的液体的火灾；遇水产生燃烧物的火灾；硫酸、盐酸、硝酸引起的火灾；电气火灾未切断电源前；高温状态下的化工设备。

答案：1. A 2. BCDE 3. A

第四节　化工消防器材与配备要求

化工企业生产、加工、储存的化工原料、化工产品本身具有高度的易燃易爆性、易腐蚀性和有毒性，一旦发生火灾或泄漏事故，常伴随爆炸、复燃复爆、立体、大面积、多火点等形式的燃烧，不但会导致生产停顿、设备损坏，而且会造成重大人员伤亡和难以挽回的影响，所以必须配备消防器材。

一、常见灭火器材

（一）干粉灭火器

适用范围：碳酸氢钠干粉灭火器适用于易燃、可燃液体、气体及带电设备的初期火灾；磷酸铵盐干粉灭火器除可用于上述几类火灾外，还可扑救固体类物质的初期火灾，但都不能扑救金属燃烧火灾。

扑救可燃、易燃液体火灾时，应对准火焰腰部扫射，如果被扑救的液体火灾呈流淌燃烧时，应对准火焰根部由近而远，并左右扫射，直至把火焰全部扑灭。如果可燃液体在容器内燃烧，使用者应对准火焰根部左右晃动扫射，使喷射出的干粉流覆盖整个容器开口表面；当火焰被赶出容器时，使用者仍应继续喷射，直至将火焰全部扑灭。在扑救容器内可燃液体火灾时，应注意不能将喷嘴直接对准液面喷射，防止喷流的冲击力使可燃液体溅出而扩大火势，造成灭火困难。如果可燃液体在金属容器中燃烧时间过长，容器的壁温已高于扑救可燃液体的自燃点，此时极易造成灭火后再复燃的现象，若与泡沫类灭火器联用，则灭火效果更佳。

使用方法：灭火时，可手提或肩扛灭火器快速奔赴火场，在距燃烧处 5m 左右，放下灭火器。如在室外，应选择在上风方向喷射。使用的干粉灭火器若是外挂式储压式的，操作者应一手紧握喷枪，另一手提起储气瓶上的开启提环。如果储气瓶的开启是手轮式的，则向逆时针方向旋开，并旋到最高位置，随即提起灭火器。当干粉喷出后，迅速对准火焰的根部扫射。使用的干粉灭火器若是内置式储气瓶的或者是储压式的，操作者应先将开启压把上的保险销拔下，然后握住喷射软管前端喷嘴部，另一只手将开启压把压下，打开灭火器进行灭火。有喷射软管的灭火器或储压式灭火器在使用时，一手应始终压下压把，不能放开，否则会中断喷射。

使用注意事项：使用磷酸铵盐干粉灭火器扑救固体可燃物火灾时，应对准燃烧最猛烈处喷射，并上下、左右扫射。如条件许可，使用者可提着灭火器沿着燃烧物的四周边走边喷，使干粉灭火剂均匀地喷在燃烧物的表面，直至将火焰全部扑灭。

推车式干粉灭火器的使用方法与手提式干粉灭火器的使用方法相同。

（二）泡沫灭火器

适用范围：适用于扑救一般 B 类火灾，如油制品、油脂等火灾，也适用于 A 类火灾，但不能扑救 B 类火灾中的水溶性可燃、易燃液体的火灾，如醇、酯、醚、酮等物质火灾，也不能扑救带电设备及 C 类和 D 类火灾。

1. 手提式泡沫灭火器

使用方法：可手提筒体上部的提环，迅速奔赴火场。这时应注意不得使灭火器过分倾斜，更不可横拿或颠倒，以免两种药剂混合而提前喷出。当距离着火点 10m 左右时，即可将筒体颠倒过来，一只手紧握提环，另一只手扶住筒体的底圈，将射流对准燃烧物。在扑救可燃液体火灾时，如已呈流淌状燃烧，则将泡沫由远而近喷射，使泡沫完全覆盖在燃烧液面上；如在容器内燃烧，应将泡沫射向容器的内壁，使泡沫沿着内壁流淌，逐步覆盖着火液面。切忌直接对准液面喷射，以免由于射流的冲击，反而将燃烧的液体冲散或冲出容器，扩大燃烧范围。在扑救固体物质火灾时，应将射流对准燃烧最猛烈处。灭火时随着有效喷射距离的缩短，使用者应逐渐向燃烧区靠近，并始终将泡沫喷在燃烧物上，直到扑灭。使用时，灭火器应始终保持倒置状态，否则会中断喷射。

手提式泡沫灭火器的存放应选择干燥、阴凉、通风并取用方便之处，不可靠近高温或可能受到曝晒的地方，以防止碳酸分解而失效；冬季要采取防冻措施，以防止冻结；并应经常擦除灰尘、疏通喷嘴，使之保持通畅。

2. 推车式泡沫灭火器

其适用的火灾与手提式泡沫灭火器相同。

推车式使用方法：使用时，一般由两人操作，先将灭火器迅速推拉到火场，在距离着火点 10m 左右处停下，由一人施放喷射软管后，双手紧握喷枪并对准燃烧处；另一人先逆时针方向转动手轮，将螺杆升到最高位置，使瓶盖开足，然后将筒体向后倾倒，使拉杆触地，并将阀门手柄旋转 90°，即可喷射泡沫进行灭火。如阀门装在喷枪处，则由负责操作喷枪者打开阀门。

（三）二氧化碳灭火器

适用范围：二氧化碳灭火器主要用于扑救贵重设备、档案资料、仪器仪表、600V 以下电气设备及油类的初期火灾。

使用方法：灭火时只要将灭火器提到或扛到火场，在距燃烧物 5m 左右，拔出灭火器保险销，一手握住喇叭筒根部的手柄，另一手紧握启闭阀的压把。对没有喷射软管的二氧化碳灭火器，应把喇叭筒往上扳 70°～90°。使用时，不能直接用手抓住喇叭筒外壁或金属连接管，防止手被冻伤。灭火时，当可燃液体呈流淌状燃烧时，使用者将二氧化碳灭火剂的喷流由近而远向火焰喷射。如果可燃液体在容器内燃烧时，使用者应将喇叭筒提起，从容器的一侧上部向燃烧的容器中喷射。但不能将二氧化碳射流直接冲击可燃液面，以防止将可燃液体冲出容器而扩大火势，造成灭火困难。

注意事项：使用二氧化碳灭火器时，在室外使用的，应选择在上风方向喷射，并且手要放在钢瓶的木柄上，防止冻伤；在室内窄小空间使用的，灭火后操作者应迅速离开，以防窒息。

其他：推车式二氧化碳灭火器一般由两人操作，使用时两人一起将灭火器推或拉到燃烧处，在离燃烧物 10m 左右停下，一人快速取下喇叭筒并展开喷射软管后，握住喇叭筒根部的手柄，另一人快速按逆时针方向转动手轮，并开到最大位置。灭火方法与手提式的方法一样。

（四）简易式灭火器

（1）手提式：使用时，应将手提灭火器手提或肩扛到火场。在距燃烧处 5m 左右，放下灭火器，先拔出保险销，一手握住开启压把，另一手握在喷射软管前端的喷嘴处。如灭火器无喷射软管，可一手握住开启压把，另一手扶住灭火器底部的底圈部分。先将喷嘴对准燃烧处，用力握紧开启压把，使灭火器喷射。当被扑救可燃烧液体呈现流淌状燃烧时，使用者应对准火焰根部由近而远并左右扫射，向前快速推进，直至火焰全部扑灭。如果可燃液体在容器中燃烧，应对准火焰左右晃动扫射,当火焰被赶出容器时,喷射流跟着火焰扫射,直至把火焰全部扑灭。但应注意不能将喷流直接喷射在燃烧液面上,防止灭火剂的冲力将可燃液体冲出容器而扩大火势,造成灭火困难。扑救可燃性固体物质的初期火灾时,将喷流对准燃烧最猛烈处喷射,当火焰被扑灭后,应及时采取措施,不让其复燃。1211灭火器使用时不能颠倒,也不能横卧,否则灭火剂不会喷出。另外,在室外使用时,应选择在上风方向喷射;在窄小的室内灭火时,灭火后操作者应迅速撤离,因1211灭火剂也有一定的毒性,以防对人体产生伤害。

(2) 推车式：灭火时一般由两人操作,先将灭火器推或拉到火场,在距燃烧处10m左右停下,一人快速放开喷射软管,紧握喷枪,对准燃烧处；另一人则快速打开灭火器阀门。灭火方法与手提式1211灭火器相同。

二、化工企业消防设施布置

石油化工企业的生产特殊性要求其消防工作必须非常严格。除了搭建一切完备的消防器材,最重要的还需要其他的消防技术设施,如消防站、消防给水设施。无论是消防器材还是消防站、消防给水设施,其设置得合理与否,完善与否,将直接影响石油化工企业的安全。第一,消防站的安全设置。消防站在石油化工企业中的布置,应根据企业生产的火灾危险性、消防给水设施、防火设施情况全面考虑,合理布置。为提高火场供水力量和灭火力量的战斗力,减少灭火损失,宜采用"多布点,布小点"的原则,将消防力量分设于各个保卫重点区域,以便及时地扑灭初期火灾。第二,消防给水设施布置。消防给水是一项重要的消防技术。主要从三个方面来布置：消防水源、消防水压、消防用水量。其中,石油化工企业的消防水源,可采用天然水源和消防给水管道水。而石油化工企业消防水压由内供水可采用高压、临时高压或低压消防给水系统,一般从经济、技术、安全三方面考虑,综合确定。室外消防用水量,应按同一时间内火灾的发生次数与一次火灾用水量的乘积计算。像石油化工企业这样比较特殊的地方,都必须架设独立的消防设施。若临近有较强大的移动消防供水力量和泡沫灭火力量,并在发生火灾后10min内能到达装置区出水或20min内到达罐区泡沫灭火,可考虑利用临近的消防力量进行协同作战的可能性。但必须是临近消防站具有扑灭该区火灾的消防力量,同时经过公安部门同意,并建立协作组织机构及制定配合作战的技术措施。为保障企业以及人身安全,石油化工企业一定要布置完备的消防器材以及消防设施。同时,企业应严格规定员工安全操作注意事项,加强监督,保证安全。

典型例题

使用二氧化碳灭火器灭火时,只要将灭火器提到或扛到火场,在距燃烧物(　　)左右,拔出灭火器保险销,一手握住喇叭筒根部的手柄,另一手紧握启闭阀的压把。

A. 3m B. 4m
C. 5m D. 6m

【解析】二氧化碳灭火器使用方法：灭火时只要将灭火器提到或扛到火场,在距燃烧物5m左右,拔出灭火器保险销,一手握住喇叭筒根部的手柄,另一手紧握启闭阀的压把。对没有喷射软管的二氧化碳灭火器,应把喇叭筒往上扳70°～90°。

答案：C

同步强化训练

一、单项选择题

1. 二氧化碳灭火器是利用其内部充装的液态二氧化碳的蒸气压将二氧化碳喷出灭火的一种灭火器具。二氧化碳灭火器的作用机理是利用降低氧气含量，造成燃烧区域缺氧而灭火。下列关于二氧化碳灭火器的说法中，正确的是（   ）。

   A. 1kg 二氧化碳液体可在常温常压下生成 1 000L 左右的气体，足以使 $1m^3$ 空间范围内的火焰熄灭

   B. 使用二氧化碳灭火器灭火，氧气含量低于 15% 时燃烧终止

   C. 二氧化碳灭火器适宜于扑救 600V 以下的带电电器火灾

   D. 二氧化碳灭火器对硝酸盐等氧化剂火灾的扑灭效果好

2. 干粉灭火剂的主要成分是碳酸氢钠和少量的防潮剂硬脂酸镁及滑石粉等。其灭火的基本原理是（   ）。

   A. 窒息作用　　　　　　　　　　B. 冷却作用
   C. 辐射作用　　　　　　　　　　D. 化学抑制作用

3. 关于干粉灭火剂，下列说法不正确的是（   ）。

   A. 干粉灭火剂是一种易于流动的微细固体粉末，由具有灭火效能的无机盐和少量的添加剂经干燥、粉碎、混合而成的微细固体粉末

   B. 可以依靠干粉的粉末落到可燃物表面上，发生化学反应，并在高温作用下形成一层覆盖层，从而隔绝氧气窒息灭火

   C. 其主要依靠化学抑制和窒息作用灭火

   D. 灭火剂浓度高，会使人员受到窒息毒害

4. 按发泡倍数泡沫灭火剂分为三种，其中发泡倍数在 21～200 倍之间的属于（   ）。

   A. 低倍数泡沫灭火剂

   B. 中倍数泡沫灭火剂

   C. 高倍数泡沫灭火剂

   D. 超高倍数泡沫灭火剂

5. 适宜扑救 600V 以下带电电器、贵重设备、图书档案、精密仪器仪表的初期火灾，以及一般可燃液体的火灾的灭火器是（   ）。

   A. 泡沫灭火器　　　　　　　　　B. 干粉剂灭火器
   C. 二氧化碳灭火器　　　　　　　D. 卤代烷灭火器

6. 目前在手提式灭火器和固定式灭火系统中，广泛应用的灭火剂是（   ）。

   A. 水灭火剂　　　　　　　　　　B. 干冰灭火剂
   C. 干粉灭火剂　　　　　　　　　D. 泡沫灭火剂

7. 扑救易燃液体火灾必须考虑不同易燃液体的比重、水溶性和各种灭火剂的性能。下列关于扑救易燃液体火灾方法的说法中，错误的是（   ）。

   A. 小面积（小于 $50m^2$）液体火灾，一般可用雾状水扑灭

   B. 汽油、苯等液体火灾，可以用普通蛋白泡沫或轻水泡沫灭火

   C. 二硫化碳起火时，可以用水和泡沫进行扑救

   D. 醇类、酮类等液体火灾，可以用水和普通蛋白泡沫进行扑救

二、多项选择题

下列物质发生火灾，可以用水扑灭的有（　　）。

A. 金属钠　　　　　　　　　　　　B. 电石

C. 带电的电缆　　　　　　　　　　D. 煤炭

E. 木材

>>> **参考答案及解析** <<<

一、单项选择题

1. 【答案】C

   【解析】二氧化碳灭火器是利用其内部充装的液态二氧化碳的蒸气压将二氧化碳喷出灭火的一种灭火器具，其利用降低氧气含量，造成燃烧区域窒息而灭火。一般当氧气的含量低于12％或二氧化碳浓度达30％～35％时，燃烧中止。1kg的二氧化碳液体，在常温常压下能生成500L左右的气体，这些足以使1m³空间范围内的火焰熄灭。由于二氧化碳是一种无色的气体，灭火不留痕迹，并有一定的电绝缘性能等特点，二氧化碳灭火器更适宜扑救600V以下带电电器、贵重设备、图书档案、精密仪器仪表的初期火灾，以及一般可燃液体的火灾。

2. 【答案】D

   【解析】干粉灭火剂由一种或多种具有灭火能力的细微无机粉末组成，主要包括活性灭火组分、疏水成分、惰性填料，粉末的粒径大小及其分布对灭火效果有很大的影响。窒息、冷却、辐射及对有焰燃烧的化学抑制作用是干粉灭火效能的集中体现，其中，化学抑制作用是灭火的基本原理，起主要灭火作用。

3. 【答案】D

   【解析】选项D是二氧化碳灭火剂的缺点。

4. 【答案】B

   【解析】按发泡倍数泡沫灭火剂分为三种：发泡倍数在20倍以下的称为低倍数泡沫灭火剂；在21～200倍之间的称为中倍数泡沫灭火剂；在201～1 000倍之间的称为高倍数泡沫灭火剂。

5. 【答案】C

   【解析】由于二氧化碳的来源较广，利用隔绝空气后的窒息作用可成功抑制火灾，早期的气体灭火剂主要采用二氧化碳。二氧化碳不含水、不导电、无腐蚀性，对绝大多数物质无破坏作用，可以用来扑灭精密仪器和一般电气火灾。

6. 【答案】C

   【解析】干粉灭火剂与水、泡沫、二氧化碳等相比，在灭火速率、灭火面积、等效单位灭火成本效果三个方面有一定优越性，因其灭火速率快，制作工艺过程不复杂，使用温度范围宽广，对环境无特殊要求，以及使用方便，不需外界动力、水源、无毒、无污染、安全等特点，目前在手提式灭火器和固定式灭火系统上得到广泛的应用，是替代哈龙灭火剂的一类理想环保灭火产品。

7. 【答案】D

   【解析】具有水溶性的可燃液体（如醇类、酮类等），虽然从理论上讲能用水稀释扑救，但用此法要使液体闪点消失，水必须在溶液中占很大的比例，这不仅需要大量的水，也容易使液体溢出流淌。而普通泡沫又会受到水溶性液体的破坏（如果普通泡沫强度加大，可以减弱火势）。因此，最好用抗溶性泡沫扑救。

二、多项选择题

【答案】DE

【解析】不能用水扑灭的火灾主要包括：

(1) 密度小于水和不溶于水的易燃液体的火灾，如汽油、煤油、柴油等。苯类、醇类、醚类、酮类、酯类及丙烯腈等大容量储罐，如用水扑救，则水会沉在液体下层，被加热后会引起爆沸，形成可燃液体的飞溅和溢流，使火势扩大。

(2) 遇水产生燃烧物的火灾，如金属钾、钠、碳化钙等，不能用水，而应用沙土灭火。

(3) 硫酸、盐酸和硝酸引发的火灾，不能用水流冲击，因为强大的水流能使酸飞溅，流出后遇可燃物质，有引起爆炸的危险。酸溅在人身上，能灼伤人。

(4) 电气火灾未切断电源前不能用水扑救，因为水是良导体，容易造成触电。

(5) 高温状态下化工设备的火灾不能用水扑救，以防高温设备遇冷水后骤冷，引起形变或爆裂。

附录

了解危险化学品油气管道、烟花爆竹、非药品类易制毒化学品的相关内容。本部分内容遵照国家相关部门所公布文件的原文，本书摘选时仅对格式作调整，未对内容作修改。

应急管理部办公厅关于印发 2019 年危险化学品油气管道烟花爆竹安全监管和非药品类易制毒化学品监管重点工作安排的通知

应急厅〔2019〕20 号

各省、自治区、直辖市应急管理厅（局），新疆生产建设兵团安全生产监督管理局，有关中央企业：

现将 2019 年危险化学品油气管道烟花爆竹安全监管和非药品类易制毒化学品监管重点工作安排（见附件）印发你们，请按照全国安全生产电视电话会议、全国应急管理工作会议的工作部署和应急管理部 2019 年重点工作安排的要求，结合实际，认真贯彻落实。

应急管理部办公厅
2019 年 2 月 14 号

附件：2019 年危险化学品油气管道烟花爆竹安全监管和非药品类易制毒化学品监管重点工作安排

一、工作思路

坚持以习近平新时代中国特色社会主义思想为指导，深入学习贯彻习近平总书记有关安全生产和应急管理重要论述，按照党中央、国务院的决策部署和应急管理部党组的工作安排，坚守安全发展的理念，坚持问题导向和目标导向，始终把防控重大风险、防范较大以上事故和有较大社会影响的事故作为首要任务，着力持续通过政府精准严格规范监管执法推动企业落实主体责任，着力深化危险化学品安全综合治理和化工烟花爆竹专项整治，着力加强危险化学品重大危险源、烟花爆竹涉药场所和油气管道高后果区的安全管理，着力风险分级管控和隐患排查治理，强化科技强安和人才促安，强化应急能力提升，强化改革创新，强化社会共治，强化"严细实快恒"作风建设，推动全国安全生产形势持续稳定好转，为新中国成立 70 周年营造良好的安全生产环境。

二、工作目标

全国化工和烟花爆竹事故进一步下降，较大及以上事故进一步减少，努力杜绝重特大事故，重大风险管控水平得到有力提升，危险化学品安全综合治理工作如期完成，危险化学品重点县专家指导服务工作初见成效。

三、重点任务

（一）强化重大风险管控，坚决防范遏制较大以上事故

一是完善责任体系。围绕细化危险化学品重大危险源、油气管道高后果区等重大风险点管控责任，加快构建主体明确、运行高效的责任体系，确保重大风险管控责任清晰，对照清单落实检查管控措施。二是用信息化手段提升风险管控水平。完善实现危险化学品建设项目全过程管理，持续开展危险化学品重大危险源智能在线监控与预警系统建设，利用全国危险化学品生产经营风险"一张图一张表"实施精准管控，加快推进各地区、各部门健全本地区、本行业领域危险化学品风险"一张图一张表"，建立全国危险化学品管道数据库，督促指导有关中央企业、烟花爆竹主产区分别开展油气管道高后果区实时视频监控和烟花爆竹生产重点场所智能化监控预警系统建设。三是严格源头风险管控把关。推动重点地区出台实行危险化学品"禁限控"目录，加快实施危险化学品建设项目多部门联合审批制度，从严实施涉及"三重一高"（重点监管的危险化学品、重点监管的危险化工工艺、重大危险源、油气管道途经人员密集场所高后果区）安全许可及监管，推动高风险项目必须提高安全投入，严格安全保障和本质安全要求，严控增量。四是强化重点时段重点地区重点企业风险管控。注重实效，全面启动并认真做好53个危险化学品重点县专家指导服务工作，推动重点县加快提高监管能力与水平。提前谋划部署对新中国成立70周年等国家重大活动期间、夏季高温雷雨和自然灾害多发季节、烟花爆竹生产经营旺季等重点时段、事故多发及长江经济带重点地区和重点企业的风险管控，抓住关键重点、问题本质和整改落实，督促做好重大风险防范工作。五是积极推动重点环节风险管控。更加聚焦聚力，通过提升重大风险点硬件水平、管理能力、人员素质，使安全屏障实时有效，不断提高重点部位安全保障能力。充分利用安委办、安全监管部际联席会议制度平台，支持配合推动有关部门指导各地区深化本行业领域危险化学品风险摸排，强化危险货物运输、危险化学品使用等环节风险管控，严厉打击非法生产经营行为。六是强化应急处置能力提升。强化应急意识，严格值班值守，提高有关突发事件的敏感性预判性，迅速妥善安全地处置突发事件事故，做好舆论引导宣传，及时主动发布权威信息，严防因处置不及时、不当造成衍生事故，防止事故后果扩大升级。

（二）扎实做好危险化学品安全综合治理和化工烟花爆竹专项整治

一是推动如期完成危险化学品安全综合治理。全力推进危险化学品安全综合治理深化提升与总结阶段工作落实，强化考核、通报、督导和约谈，组织召开现场会，加快推动特别管控危险化学品目录出台、风险深入排查、重大危险源管控、监管信息共享平台建设、生产企业搬迁改造、化工园区安全管理一体化等重点难点任务落实，会同有关部门深化危险化学品领域打非治违行动和油气管道环焊缝质量排查整治。二是深入开展化工专项整治。按照国务院领导同志关于深化化工整治的要求，部署开展氯碱行业安全专项提升行动，深入开展氯乙烯等易燃易爆有毒气体风险排查治理、罐区等储存场所管理、动火等特殊作业管控、安全设计诊断、自动化改造、精细化工安全、装卸车安全、化工企业下水管网安全和周边安全、反"三违"等化工专项整治，全面排查并消除隐患。三是不断深化烟花爆竹专项整治。紧盯重大风险，管控薄弱环节，继续深化烟花爆竹分包转包、"三超一改"（超人员、超药量、超范围、改变工房用途）专项整治，深刻吸取近年来多地经营环节发生较大事故的教训，加大经营专项整治力度，坚决根治"下店上宅"问题，会同公安机关严格黑火药、单基药安全管理，指导地方按照《爆竹工程设计指南》和《组合烟花工程设计指南》，严格规范烟花爆竹企业工程设计，加快推动烟花爆竹企业改造升级。

（三）狠抓监管执法责任落实，推动企业主动自发落实主体责任

坚持把推动企业落实安全生产主体责任作为强化政府监管责任的出发点和落脚点，通过强化政府属地监管责任、行业部门监管责任，不断提升企业履行主体责任的自觉性、主动性。一是严格行政许可。督促地方政府在规划布局、招商引资、支持监管等方面制定具体措施，建立危险化学品企业外部安全防护距离保护机制，严格规划许可源头准入，防止落后、不安全产能落地；督促上海、江苏、浙江、安徽、江西、湖北、湖南、重庆、四川、云南、贵州等11个省市严格落实长江经济带发展规划有关要求，加快化工产业转型升级，切实实施好长江经济带发展战略。与有关部门加强沟通，统一认识，更加安全科学地推进油气管道项目建设。稳步推进"放管服"有关改革，聚焦重大风险全过程管控，进一步完善危险化学品安全许可改革方案，做好顶层系统设计。二是强化规范精准高效严格执法。着力查大风险、除大隐患、防大事故，提高执法专业化、规范化、信息化水平，认真执行《化工（危险化学品）重点检查指导目录》《化工和危险化学品生产经营单位重大隐患判定标准》《烟花爆竹生产经营单位重大隐患判定标准》等规定，聚焦以危险化学品重大危险源、罐区等储存场所、特殊作业、油气管道高后果区、烟花爆竹涉药场所等重大风险点开展专项检查，鼓励聘请专家予以协助，加大处罚特别是事前处罚力度，解决执法检查"眉毛胡子一把抓"、重点不突出、不严不实问题，通过对高风险企业设施场所实施精准执法检查和失信联合惩戒，抓住要害，打到痛处，加大企业违法成本，提高监管效率效能，警示、督促企业重大风险防控措施有效落地。加大对执法结果的跟踪、分析与应用，推动进一步完善有关法规标准规定，并坚持执法与服务并举，严防简单化、搞"一刀切"。三是加强事故督导查处和教训吸取。坚持上网公开历史上发生的月度典型事故和事故督导警示"四个一律"（亡人事故省级厅局现场督导，较大事故省级厅局召开现场警示会、危化监管司现场督导，重大事故应急管理部召开现场警示会），组织对较大事故和典型事故调查开展"回头看"，督促严肃事故查处，依法严查企业主要负责人、法规制度执行、企业管理链条，针对性地强化薄弱环节风险管控。四是严格企业主要负责人承诺和考核。突出主要负责人落实责任这一关键，深入落实危险化学品企业主要负责人风险研判与承诺公告制度，部署开展第二轮危险化学品企业主要负责人培训，推动实施"逢事故必考、逢许可必考、新任职必考"等常态化考核，并把主要负责人安全生产知识和能力考核不合格及失信企业列为重点执法对象，督促加快提升企业主要负责人法律意识和风险意识。五是推进安全生产标准化建设。以制定、修订、出台危险化学品企业安全生产标准化建设、烟花爆竹企业安全生产标准化评审标准、油气管道企业安全生产标准化规范等规定为契机，进一步推进安全生产标准化与化工过程安全管理、烟花爆竹风险分级管控和隐患排查治理、油气管道完整性管理各要素深入有机融合，部署开展安全生产标准化工作质量复核，对流于表面、质量不高的企业予以降级，推动企业健全安全管理体系。六是强化有关中央企业监管。会同国资委组织对涉及化工生产的中央企业开展监督检查，组织有关新任职中央企业及事故企业主要负责人安全培训，督促中国化工集团等中央企业深刻吸取有关事故教训，落实主体责任，加快提升安全管理水平，做好安全生产排头兵。七是加强非药品类易制毒化学品企业规范化管理。全面开展第一类非药品类易制毒化学品企业规范化管理建设工作，通过加强业务培训和严格执法检查，提高企业的自觉性、主动性，强化生产经营流向管控，落实防止非药品类易制毒化学品流入非法渠道的主体责任。

（四）抓紧制定急需法规标准

一是推进立法工作。配合加快推进《危险化学品安全法》制定和《烟花爆竹安全管理条例》修订立项工作，争取更大进展。二是加快制定事中事后监管规章。制定《危险化学品企业安全生产监督管理规定》《油气管道高后果区安全责任制意见》《危险化学品企业安全基础建设指导意见》《烟花爆竹新技术应用安全管理办法》《非药品类易制毒化学品规范化与危险化学品安全生产标准化融合实施细则》等规章规定，突出政府和企业责任体系建设、重大风险管控和重大隐患排查治理，提高违法成本和震慑力，提升安全保障能力。三是加快颁布急需标准。推动、制定、修订颁布《危险化学品经营企业安全技术基本要求》（GB 18265—2019）《化工过程安全管理导则》《油气管道建设项目安全设施设计规范》《烟花爆竹重大危险源辨识》（AQ 4131—2023）《烟花爆竹零售店（点）安全技术规范》（AQ 4128—2019）等标准，加快推进一批成熟有效的规范性文件转化为标准。四是加大宣贯力度。组织指导以多种方法、途径，全面宣贯新颁布实施的《危险化学品重大危险源辨识》（GB 18218—2018）《危险化学品生产装置和储存设施风险基准》（GB 36894—2018）等重要规定和标准，确保认识到位、理解到位、执行到位。

（五）大力推进科技进步、人才培养和社会共治

一是加快提升信息化监管水平。充分利用互联网、物联网、高科技时代信息化手段，与安全监管工作深度有机融合，有力支撑推动提高安全监管信息化、精准化、智能化、动态化、高效化水平。二是持续推广先进方法技术。认真学习借鉴国外先进经验，大力推广化工过程安全管理、自动化控制、安全仪表系统、高风险特殊作业移动监测监控系统、危险与可操作性分析、定量风险评估、油气管道高后果区管理以及烟花爆竹机械化自动化智能化生产等先进方法技术，完善安全管理理念模式，大幅降低高危岗位现场作业人员数量，提高本质安全水平和安全保障能力。三是推进企业高素质高技能人员培养。继续依托中国石油大学等传统专业优势高校，指导办好第二届化工安全复合型高级人才研修班，指导更多地区开办化工安全复合型高级人才培训班，会同有关部门合力推进高技能化工产业工人培养。四是加强宣传教育。充分发挥各类新媒体等社会力量作用，针对企业人员和社会公众等不同对象，完善制作安全知识宣传和典型事故警示教育片，在事故易发期集中开展警示教育，督促各地区有关企业时刻紧绷风险防范意识，不断提高全社会安全意识和自我保护技能。五是推动社会各方参与共治。鼓励倡导地方政府通过购买服务提高监管质量效果，继续支持地方对特殊作业实施第三方专业化监管的做法，倡导具有良好业绩的行业协会、技术机构、保险机构等社会力量支撑参与安全生产，深入发挥行业协会作用，加强行业自律，鼓励人民群众举报违法行为。

（六）不断提升基层监管能力

一是督促地方做好机构改革期间安全监管工作。高度重视地方机构改革期间安全监管工作，教育引导危险化学品烟花爆竹监管系统提高政治站位，积极拥护支持参与改革，认真履行职责，心无旁骛地抓好事故防范工作，做到机构改革与事故防范"两不误两促进"，确保人心不散、队伍不乱、工作不断、干劲不减，为机构改革营造良好的环境。二是强化基层监管能力建设。坚持实施重点省份联系指导制度，积极推进危险化学品重点地区应急管理部门聘请化工专业人员做驻局专家，不断提高专业化监管水平；督促推动危险化学品重点县和化工园区配备专业监管力量，以《危险化学品安全监管人员提升专业知识培训重点》为主要内容，层层组织开展监管人员集中培训，支持加大基层监管人员培训力度，加强作风与能力建设，不断提高基层监管部门落实重点工作的执行力，更好地适应新时代新形势新任务要求。

应急管理部
2019 年 2 月 14 日

国务院安委会办公室关于开展危险化学品重点县专家指导服务工作的通知

安委办〔2019〕1号

有关省、自治区、直辖市和新疆生产建设兵团安全生产委员会，有关单位：

为深入贯彻习近平总书记关于安全生产和应急管理的重要指示精神及国务院领导同志批示要求，认真落实国务院安委会办公室、应急管理部危险化学品安全生产专题视频会议安排，深刻汲取河北省张家口市"11·28"重大爆燃等事故教训，深入推动有关化工和危险化学品企业落实安全生产主体责任，强化重大风险管控，指导基层有关部门提高危险化学品安全监管的针对性与有效性，促进安全监管能力提升，坚决防范和遏制化工重、特大事故，国务院安委会办公室决定自2019年1月至2021年12月，组织对53个危险化学品重点县开展为期三年的专家指导服务。现将有关事项通知如下：

一、指导思想

以习近平新时代中国特色社会主义思想为指导，认真贯彻落实党中央、国务院关于安全生产和应急管理的决策部署，牢牢把握现阶段安全生产的规律和特点，以高度的政治责任感把防范和遏制化工较大以上事故抓在手上，切实把安全责任担负起来落实下去，把各项安全防范措施抓细抓实抓好，不断夯实化工和危险化学品企业安全生产基础，提高本质安全水平，提升应急救援能力，健全完善安全生产长效机制，坚决遏制重特大事故，推动化工安全生产形势持续稳定好转。

二、工作目标

充分利用社会力量助力安全生产工作，指导帮助重点县有效解决危险化学品安全生产工作中的突出问题，在摸清风险、找准问题、抓实措施的基础上，狠抓应急管理部部署的重点工作落实，推动地方危险化学品安全监管工作上水平，推动企业落实安全生产主体责任，提高危险化学品安全生产水平。通过开展专家指导服务，带动重点县提升化工和危险化学品安全管理水平，培育10个左右化工和危险化学品安全监管工作示范县；通过培植帮扶，在每个重点县树立1~2个安全生产标杆企业；通过开展安全教育培训，为企业和地方政府监管部门培养一批高素质的安全管理与技术专家。

三、工作内容

（一）摸清底数，按照安全状况对企业分类分级。

1. 重点摸清涉及"两重点一重大"（重点监管的危险化学品、重点监管的危险化工工艺、危险化学品重大危险源）企业及地方依据《化工和危险化学品生产储存企业安全风险评估诊断分级指南（试行）》（应急〔2018〕19号）评估出的红、橙两级企业的安全生产状况，排查识别存在较大风险的企业，调查评估因风险失控受影响的区域范围及风险值，分析诊断安全控制措施的充分性有效性，开展分级分类指导服务。

2. 摸清重点县危险化学品专业监管力量配备与履职情况。

（二）突出重点，查找企业存在的安全生产共性问题及重大风险。

针对生产储存装置本质安全设计、总图布置、工艺操作（尤其是工艺报警、联锁的管理）、设备完好性管理、装置安全设施维护、特殊作业管理、变更管理、企业周边风险、应急处置方案、应急救援资源等方面存在的问题，提出整改建议意见。

（三）明确目标，推动企业提升安全生产科学化水平。

按照《危险化学品安全管理条例》、《遏制危险化学品和烟花爆竹重特大事故工作意见》（安监总管三〔2016〕62号）、《危险化学品从业单位安全生产标准化评审标准》（安监总管三〔2011〕93号）、《国家安全监管总局关于加强化工过程安全管理的指导意见》（安监总管三〔2013〕88号）等法规政策、标准和规范性文件要求，指导企业深入推进安全生产标准化建设，构建风险分级管控与隐患排查治理双重预防机制，全面实施化工过程安全管理，提升企业安全生产科学化水平。

（四）加强安全教育培训，提升化工和危险化学品安全监管人员及企业安全管理人员能力。

在重点县开展法规标准政策、安全领导力、风险管控、安全生产标准化、化工过程安全管理等教育培训，提升化工和危险化学品监管人员及企业安全管理人员的专业能力。

（五）培育标杆，形成一批安全生产标杆企业和安全监管示范县。

从每个重点县中选择1～2家企业进行安全生产标杆企业培植（目标为一级安全生产标准化或化工过程安全管理示范企业），以点带面，推动本地区化工和危险化学品企业安全管理水平的提升。

通过重点辅导，培育一批安全生产监管示范县，树立基层危险化学品安全监管典型，推动全国危险化学品安全监管工作上台阶。

（六）推动化工和危险化学品企业加快转型升级。

通过诊断排查，对不符合国家产业政策（或生产技术处于淘汰或限制类产业类型）、管理差、安全设施投入严重不足、装置本质安全水平低、事故发生概率高、存在重大风险和隐患且整改无望的企业，提出关闭退出建议，推动化工和危险化学品企业转型升级。

四、工作形式

（一）加强组织领导。国务院安委会办公室成立专家指导服务工作协调组，组长由应急管理部领导同志担任，副组长由应急管理部危化监管司、中国化学品安全协会主要负责人和中国石油天然气集团有限公司安全管理部门、中国石油化工集团有限公司安全管理部门主要负责人担任，成员由中国安全生产科学研究院、应急管理部化学品登记中心、中国海洋石油集团有限公司安全管理部门、中国化学工程集团有限公司安全管理部门分管负责人担任，专家指导服务工作协调组设立办公室，负责有关日常事务。

（二）专家指导服务工作协调组办公室（以下简称协调组办公室）组织安全、工艺、设备、仪表、应急专家组成10个专家指导服务小组，每个专家指导服务小组负责对接5～6个重点县，根据重点县化工和危险化学品安全生产情况及涉及的行业类别，每个县每年指导服务至少2次，每次一周。同时，根据重点县需求，集中开展若干次安全教育培训或分批次在重点县开展各类安全教育培训。

（三）每次指导服务完成后进行总结评估，每次现场服务后进行集中讲评；每年召开一次指导服务工作总结会议。

五、工作要求

（一）协调组办公室于每年年初制定年度指导服务计划，并于每年1月15日前通报重点县所在的省级应急管理部门，并抄送有关市、县级应急管理部门。

专家指导服务小组每次指导服务完成后应在10个工作日内将指导服务的总结报告反馈所在地省、市级应急管理部门和重点县安全生产委员会及应急管理部门；协调组办公室负责汇总各专家指导服务小组工作情况，形成工作简报，按月上报国务院安委会办公室。

重点县所在省、市级应急管理部门要根据专家指导服务小组反馈的问题隐患清单，结合本地区安全监管工作实际，对照相关法律法规标准逐条分析，形成隐患整改和行政执法的交办事项，督促重点县限期落实整改。对重大隐患的整改，要建立分级挂牌督办制度。对整改落实不力、问题严重的，要依法依规严肃处理。省、市两级应急管理部门在抓好重点县整改的同时，还要对发现的典型问题，举一反三，及时组织辖区内有关化工和危险化学品企业进行排查整改，全面提升化工和危险化学品企业安全生产水平。

专家指导服务小组在每次指导服务工作开展时，须首先对前次工作中发现的问题隐患整改情况进行核查，核查结果报应急管理部。

（二）重点县应急管理部门应指派专人配合专家指导服务小组工作，提供本辖区内化工和危险化学品企业有关信息，并提供必要保障。

（三）各省级应急管理部门（西藏除外）应指导重点县及所在市级应急管理部门积极配合做好有关工作。同时，要参照本次重点县专家指导服务工作的方法，确定省级危险化学品重点县，研究进行专业督导的具体措施，提升重点县和本地区危险化学品安全生产水平。

（四）严守纪律要求。所有参与专家指导服务工作的人员应严格遵守中央八项规定精神，加强党风廉政建设，坚决反对形式主义和官僚主义；深入基层现场，坚持原则，敢于发现问题、指出问题，敢于动真碰硬，务求实效，努力推动化工和危险化学品安全生产形势持续稳定好转。

国务院安委会办公室
2019年1月2日

应急管理部关于贯彻落实国务院"证照分离"改革精神做好危险化学品和烟花爆竹安全许可审批工作的通知

应急函〔2018〕265号

各省、自治区、直辖市及新疆生产建设兵团应急管理厅（局）：

《国务院关于在全国推开"证照分离"改革的通知》（国发〔2018〕35号）明确在全国范围内对第一批106项行政审批事项进行"证照分离"改革，其中，危险化学品生产企业安全生产许可、经营许可、安全使用许可、建设项目安全条件审查以及烟花爆竹批发和零售许可等6项安全许可审批事项，要求采取优化准入服务的改革方式进行管理。为贯彻落实国务院"证照分离"改革精神，现就做好危险化学品和烟花爆竹安全许可审批有关事项通知如下。

一、优化审批流程，强化服务意识

各地区要在当地"证照分离"改革工作的总体框架下，将"证照分离"改革与其他"放管服"改革的工作任务进行统筹研究，协调推进。结合区域行政体制改革实际，会同有关部门，优化流程，细化要求，强化服务。

（一）压缩审批时限。各级应急管理部门要在保证审批质量的前提下，根据是否需要现场审核等具体情况，研究将相关许可证发放事项的许可时限在现有法定时限的基础上，压缩三分之一到一半的时间。使危险化学品建设项目安全条件审查时限同安全设施设计审查时限一致，由45日改为20个工作日。

（二）精简审批材料。按照《国务院办公厅关于做好证明事项清理工作的通知》（国办发〔2018〕47号）要求，精简优化审批材料。对于部门内部或系统内可通过信息管理系统进行共享核验的材料，不得要求企业重复提交。要依法许可，严格规范许可材料目录，不得随意增加许可材料。进一步精简许可审批申请表，许可审批申请中提交的其他材料能反映相关信息的，不再重复要求填写。

（三）推进在线审批服务。进一步推广网上业务办理，公示审批程序、受理条件和办理标准，公开办理进度。研究建立"首问负责制""服务承诺制"和"限时办结制"，认真落实责任，提高审批效率。

（四）试点优化审批环节。有条件的地区可以试点研究建立网上预审机制，及时推送预审结果，最终实现办事企业群众"只跑一次"。研究实施对已取证企业在申请变更、延期换证时，书面材料合法的，可先行办理，先予核发许可证；涉及现场核查的，通过事中事后监管等手段，完成对企业的核查。

二、放管结合，强化事中事后监管

各地区要加强对审批事项的事中事后审查，严防出现因简化流程和精简审批材料后降低审批标准现象。结合政府机构改革事权划分，明确"谁审批、谁监管"原则，加强对许可企业的监督核查，对提供材料与事实不符，不符合相关许可条件的，依法依规予以严肃查处，确保监管到位。突出对重点企业和重大风险点的检查，提高监管效率。

三、推进信息共享，加强部门协作

（一）各地区要积极推进信息共享，实现在线获取核验营业执照和法定代表人或负责人的身份证明等材料。建立信用管理制度，发挥社会引导和舆论监督作用，将弄虚作假、违背承诺或严重违法违规的申请人，纳入信用管理，实施联合惩戒。

（二）应急管理部将按照法定程序启动修改相关部门规章和规范性文件。各地区要结合当前政府机构改革，积极发扬改革进取精神，认真落实有关要求，及时就涉及的许可审查改革事项，进一步予以细化明确，报送同级市场监管部门备案，并向社会公开。

应急管理部

2018 年 12 月 5 日

应急管理部关于全面实施危险化学品企业安全风险研判与承诺公告制度的通知

应急〔2018〕74号

各省、自治区、直辖市及新疆生产建设兵团安全生产监督管理局，有关中央企业：

为深入贯彻落实《中共中央国务院关于推进安全生产领域改革发展的意见》和《国务院安委会办公室关于实施遏制重特大事故工作指南、构建双重预防机制的意见》（安委办〔2016〕11号）要求，严格落实企业主体责任，强化安全风险防控，提高企业安全生产水平，有效防范遏制危险化学品较大以上事故，全力保障人民群众生命财产安全，在部分地区试点经验基础上，现就全面实施危险化学品企业安全风险研判与承诺公告制度有关事宜通知如下：

一、总体要求

实施安全风险研判与承诺公告制度要求危险化学品企业必须自觉遵守安全生产法律法规标准，全员、全过程、全天候、全方位落实安全生产主体责任，有效管控安全风险，及时排查治理事故隐患，将有关工作开展情况向全体员工做出公开承诺，并在工厂主门外公告，接受公众监督。地方各级安全监管部门要将安全风险研判与承诺公告制度落实作为推动企业落实主体责任、防范遏制重特大事故的重要抓手，精心组织，积极推动，确保取得实效。

二、适用范围

危险化学品企业是指危险化学品生产、经营（带有储存设施）企业及取得危险化学品安全使用许可证的企业。

三、安全风险研判

（一）基本要求

1. 建立安全风险研判制度，完善责任体系，明确企业主要负责人、分管负责人、各职能部门、各车间（分厂）、各班组岗位的工作职责，强化目标管理和履职考核。

2. 按照"疑险从有、疑险必研，有险要判、有险必控"的原则，建立覆盖企业全员、全过程的安全风险研判工作流程。

3. 在每日开展班组交接班、车间生产调度会、厂级生产调度会布置生产工作任务的同时，要同步研判各项工作的安全风险，落实安全风险管控措施。

（二）重点内容

1. 生产装置的安全运行状态。生产装置的温度、压力、组分、液位、流量等主要工艺参数是否处于指标范围；压力容器、压力管道等特种设备是否处于安全运行状态；各类设备设施的静动密封是否完好无泄漏；超限报警、紧急切断、联锁等各类安全设施配备是否完好投用，并可靠运行。

2. 危险化学品罐区、仓库等重大危险源的安全运行状态。储罐、管道、机泵、阀门及仪表系统是否完好无泄漏；储罐的液位、温度、压力是否超限运行；内浮顶储罐运行中浮盘是否可能落底；油气罐区手动切水、切罐、装卸车时是否确保人员在岗；可燃及有毒气体报警和联锁是否处于可靠运行状态。仓库是否按照国家标准分区分类储存危险化学品，是否超量、超品种储存，相互禁配物质是否混放混存。

3. 高危生产活动及作业的安全风险可控状态。装置开停车是否制定开停车方案，试生产是否制定试生产方案并经专家论证；各项特殊作业、检维修作业、承包商作业是否健全和完善相关管理制度，作业过程是否进行安全风险辨识，严格程序确认和作业许可审批，加强现场监督，危险化学品罐区动火作业是否做到升级管理等；各项变更的审批程序是否符合规定。

4. 按照安全风险辨识结果，重大风险、较大风险是否落实管控及降低风险措施；重大隐患是否落实治理措施。

四、安全风险报告和承诺

1. 按照"一级向一级负责，一级让一级放心，一级向一级报告"的原则，企业各岗位、班组、车间、部门要每天做好职责范围内安全风险管控和隐患排查，自下而上层层研判、层层记录、层层报告、层层签字承诺，压实企业全员、全过程、全天候、全方位安全风险的研判和管控责任。

2. 在布置安全风险研判和管控工作任务时，既要向下级交任务、交工作、交目标，又要同步交思路、交方法、交安全要求。

3. 对下级安全风险报告和承诺，上级要组织力量进行评估，确保各项安全风险防控措施落实到位。

4. 主要负责人要结合本企业实际，全面掌握安全生产各项工作情况，亲自调度，确保生产经营活动的安全风险处于可控状态。

5. 在生产装置、罐区、仓库安全运行，高危生产活动及作业的风险可控、重大隐患落实治理措施的前提下，特殊作业、检维修作业、承包商作业等主要安全风险可控的前提下，以本企业董事长或总经理等主要负责人的名义每天签署安全承诺，在工厂主门外公告，并上传至属地安全监管部门网站。企业董事长或总经理外出时，应委托一名企业负责人代履行安全承诺工作。

五、安全承诺公告

（一）主要内容

1. 企业状态：主要公告企业当天的生产运行状态和可能引发安全风险的主要活动。如有几套生产装置，其中几套运行，几套停产；厂区内是否存在特殊作业及种类、次数；是否存在检维修及承包商作业；是否处于开停车、试生产阶段等。

2. 企业安全承诺：企业在进行全面安全风险研判的基础上，落实相关的安全风险管控措施，由企业主要负责人承诺当日所有装置、罐区是否处于安全运行状态，安全风险是否得到有效管控。

（二）公告方式

1. 公告时间：每天上午10时更新，至次日上午10时。

2. 公告地点：属地安全监管部门网站；企业主门岗显著位置设置的显示屏。企业设置的显示屏，要求文字图像显示清晰，安装位置符合防火防爆规定，保证人员、车辆安全通行。

（三）基本条件

企业存在下列情形之一的，不得向社会发布安全承诺公告：

1. 没有建立完善的安全风险研判与承诺公告管理制度，相关职责没有层层落实的；

2. 重大隐患没有制定治理措施的；

3. 动火等特殊作业管理措施不符合有关标准要求的，当天对重点装置、罐区以及动火等特殊作业没有进行安全风险研判和采取有效控制措施的；

4. 特殊时段没有带班值班企业负责人的。

六、安全风险研判与承诺的监督

1. 各级安全监管部门应督促指导企业于 2018 年 11 月 30 日前建立安全风险研判与承诺公告制度，将企业履行安全风险研判与承诺情况纳入监督检查内容，对于逾期未建立制度、不发布、虚假发布安全承诺公告的企业，进行约谈、通报、公开曝光，并纳入重点监管对象。

2. 各级安全监管部门要对企业安全风险研判与承诺公告情况进行统计分析，实施动态监管，将企业履行安全风险研判与承诺情况作为安全生产守信联合激励和失信联合惩戒的重要依据，督促引导企业自觉落实安全生产主体责任。

3. 各级安全监管部门要强化建立社会监督机制，鼓励企业员工和社会公众发现企业存在不发布、虚假发布安全承诺公告等情况时，积极向属地安全监管部门报告。

4. 鼓励有条件的地区建立信息平台，在按照《危险化学品生产储存企业安全风险评估诊断分级指南（试行）》要求对企业进行固有安全风险分级的基础上，充分结合企业承诺公告的动态风险，建立每日企业红、橙、黄、蓝安全风险分级，并按照分级结果落实分类、分级监管，实施日志式管理。

5. 有关中央企业要督促指导各分公司、子公司建立安全风险研判与承诺公告制度，完善责任体系；从集团公司层面制定总体安全风险防范措施，指导各分公司、子公司结合实际，落实安全风险管控措施。

请各省级安全监管局及时将本通知精神传达至本辖区各级安全监管部门及有关企业。

应急管理部

2018 年 9 月 4 日

国务院安委会办公室关于进一步加快推进
危险化学品安全综合治理工作的通知

安委办函〔2018〕59号

各省、自治区、直辖市及新疆生产建设兵团安全生产委员会,中央编办,国务院有关部委、直属机构,国家监委,有关中央企业:

2016年11月,国务院办公厅印发《危险化学品安全综合治理方案》(国办发〔2016〕88号,以下简称《方案》)以来,特别是2017年3月24日国务院安委会危险化学品安全综合治理电视电话专题会议召开之后,各地区、各有关单位和中央企业认真贯彻落实国务院部署安排,大力推进工作落实,经过各单位的共同努力,综合治理工作取得了阶段性进展成效。但国务院安委会办公室在督导检查中发现,综合治理工作仍存在突出问题:一是认识存在偏差,部分地区和部门认为综合治理工作仅涉及安全监管部门,政府全面推动力度不够。二是危险化学品安全风险摸排不全面不彻底,目前危险化学品生产经营企业的安全风险摸排工作已基本完成,但运输环节及燃气等危险化学品使用行业领域摸排工作进展不平衡。三是部分地区和部门对重点工作抓落实的力度不够,一些重点工作未按计划时间节点推进。为进一步加快推进综合治理工作,确保各项工作按照既定时间节点如期完成,现提出如下要求:

一、统一思想,提高对综合治理工作重要性的认识

危险化学品安全是安全生产工作的重点,涉及企业数量多、行业领域多、监管部门多、潜在安全风险大,易影响公共安全,并且近年来新问题、新挑战和新风险点不断出现,安全生产形势依然严峻复杂。党中央、国务院历来高度重视危险化学品安全生产工作,开展综合治理是新时代贯彻落实习近平总书记关于危险化学品应急管理和安全生产工作重要指示要求的关键性举措,是国务院全面加强危险化学品安全生产工作的一项重大决策部署,是强化红线意识、标本兼治、夯实安全发展基础的系统性安排,意义重大突出。各地区、各单位要提高政治站位,进一步统一思想,深刻认识开展综合治理工作的重要性和紧迫性,准确把握工作任务和目标要求,加强组织领导,强化督导检查,注重实效长效,大力推动实施,形成工作合力,不折不扣地抓好贯彻落实,加速提升危险化学品安全生产水平,有效防范遏制危险化学品安全事故。

二、全面开展自查,加快推进各项工作任务

《方案》部署了10个方面、40项工作,其中需在2018年3月底前完成的有13项,在2018年3月底前取得阶段性成果的有15项(有关工作任务清单见附件)。各地区、各有关单位要严格对照《方案》工作任务、责任分工和时限要求,突出建立安全风险分布"一张图一张表"、全面启动人口密集区危险化学品生产企业搬迁改造、强化危险化学品运输安全管控、大力提升危险化学品应急救援能力等重点任务,全面认真开展自查;对未按时完成或者完成质量不高的,要深入分析原因,制定针对性整改措施,明确整改责任单位和人员、时间要求,强化督促检查,加大督办考核力度,确保各项重点任务保质保量完成。

三、切实履行职责,确保按期完成各项工作任务

综合治理工作覆盖了危险化学品从生产到废弃处置的全过程,涉及领域多、部门多、周期长、任务重、要求高。各地区安全生产委员会要高度重视,把综合治理作为安全生产工作的重

中之重，进一步强化组织领导，定期听取汇报、研究措施，全力整体推进综合治理工作。各有关部门特别是工作任务牵头部门要主动作为，切实履职，压实责任，强化考核，加快推进相关工作任务有效开展。各地区安委会办公室要充分发挥综合协调作用，加强与有关部门等单位协作配合，协调形成工作合力，推动如期完成综合治理工作任务。国务院安委会办公室将在今年下半年适时提请国务院办公厅组织开展综合治理工作专项督查。

各单位请于2018年8月15日前将自查情况和进一步推进措施报送国务院安委会办公室。

国务院安委会办公室
2018年7月10日

附件：危险化学品安全综合治理有关工作任务清单

危险化学品安全综合治理有关工作任务清单

任务序号	治理内容	工作措施	责任分工	完成时限
1	全面摸排风险	公布涉及危险化学品安全风险的行业品种目录，认真组织摸排各行业领域危险化学品安全风险，重点摸排危险化学品生产、储存、使用、经营、运输和废弃处置以及涉及危险化学品的物流园区、港口、码头、机场和城镇燃气的使用等各环节、各领域的安全风险，建立危险化学品安全风险分布档案	各有关部门按职责分工负责	2018年3月底前
2	重点排查重大危险源	认真组织开展危险化学品重大危险源排查，建立危险化学品重大危险源数据库	各有关部门按职责分工负责	2018年3月底前
3	加强高危化学品管控	研究制定高危化学品目录。加强硝酸铵、硝化棉、氰化钠等高危化学品生产、储存、使用、经营、运输和废弃处置全过程管控	应急管理部（原安全监管总局）牵头，工业和信息化部、公安部、交通运输部、国家国防科工局等按职责分工负责	2018年3月底前
5	加强化工园区和涉及危险化学品重大风险功能区及危险化学品罐区的风险管控	部署开展化工园区（含化工相对集中区）和涉及危险化学品重大风险功能区区域定量风险评估，科学确定区域风险等级和风险容量，推动利用信息化、智能化手段在化工园区和涉及危险化学品重大风险功能区建立安全、环保、应急救援一体化管理平台，优化区内企业布局，有效控制和降低整体安全风险。加强化工园区和涉及危险化学品重大风险功能区的应急处置基础设施建设，提高事故应急处置能力。全面深入开展危险化学品罐区安全隐患排查整治	应急管理部（原安全监管总局）牵头，国家发展改革委、工业和信息化部、公安部、生态环境部（原环境保护部）、交通运输部、市场监管总局（原质检总局）、国家海洋局等按职责分工负责	2018年3月底前取得阶段性成果，2018年4月至2019年10月深化提升

续表

任务序号	治理内容	工作措施	责任分工	完成时限
6	全面启动实施人口密集区危险化学品生产企业搬迁工程	进一步摸清全国城市人口密集区危险化学品生产企业底数，通过定量风险评估，确定分批关闭、转产和搬迁企业名单。制定城区企业关停并转、退城入园的综合性支持政策，通过专项建设基金等给予支持，充分调动企业和地方政府的积极性和主动性，加快推进城市人口密集区危险化学品生产企业搬迁工作	工业和信息化部牵头，国家发展改革委、财政部、自然资源部（原国土资源部）、生态环境部（原环境保护部）、应急管理部（原安全监管总局）等按职责分工负责	2018年3月底前取得阶段性成果，2018年4月至2019年10月深化提升
7	加强危险化学品运输安全管控	健全安全监管责任体系，严格按照我国有关法律、法规和强制性国家标准等规定的危险货物包装、装卸、运输和管理要求，落实各部门、各企业和单位的责任，提高危险化学品（危险货物）运输企业准入门槛，督促危险化学品生产、储存、经营企业建立装货前运输车辆、人员、罐体及单据等查验制度，严把装卸关，加强日常监管	交通运输部、国家铁路局牵头，工业和信息化部、公安部、应急管理部（原安全监管总局）、市场监管总局（原质检总局）、中国民航局、国家邮政局等按职责分工负责	2018年3月底前取得阶段性成果，2018年4月至2019年10月深化提升
8	巩固油气输送管道安全隐患整治攻坚战成果	突出重点，加快剩余隐患整改进度，全面完成油气输送管道安全隐患整治攻坚任务，杜绝新增隐患。加快完成国家油气输送管道地理信息系统建设工作。明确市、县级油气输送管道保护主管部门，构建油气输送管道风险分级管控、隐患排查治理工作机制，建立完善油气输送管道保护和安全管理长效机制。推动管道企业落实主体责任，开展管道完整性管理，强化油气输送管道巡护和管控，全面提升油气输送管道保护和安全管理水平	国务院油气输送管道安全隐患整改工作领导小组各成员单位按职责分工负责	2017年9月底前完成
9	进一步健全和完善政府监管责任体系	研究完善危险化学品安全监管体制，加强对危险化学品安全的系统监管。厘清部门职责范围，明确《危险化学品安全管理条例》中危险化学品安全监督管理综合工作的具体内容，消除监管盲区	应急管理部（原安全监管总局）、中央编办牵头，司法部（原国务院法制办）等按职责分工负责	2018年3月底前取得阶段性成果，2018年4月至2019年10月深化提升

续表

任务序号	治理内容	工作措施	责任分工	完成时限
10	建立更加有力的统筹协调机制	完善现行危险化学品安全生产监管部际联席会议制度，增补相关成员单位，进一步强化统筹协调能力	应急管理部（原安全监管总局）牵头，各有关部门按职责分工负责	2018年3月底前完成
11	强化行业主管部门危险化学品安全管理责任	按照"管行业必须管安全、管业务必须管安全、管生产经营必须管安全"的要求，严格落实行业主管部门的安全管理责任，负有安全生产监督管理职责的部门要依法履行安全监管责任。国务院安委会有关成员单位要按照国务院的部署和要求，依据法律法规和有关规定要求，研究制定本部门危险化学品安全监管的权力清单和责任清单	各有关部门按职责分工负责	2018年3月底前完成
12	完善法律法规体系	进一步完善危险化学品安全法律法规体系，推动制定加强危险化学品安全监督管理的专门法律	应急管理部（原安全监管总局）、司法部（原国务院法制办）等按职责分工负责	2018年3月底前完成
12	完善法律法规体系	加快与国际接轨，根据《联合国关于危险货物运输的建议书》，研究推动《中华人民共和国道路运输条例》修订工作，进一步强化危险货物道路运输措施	交通运输部、司法部（原国务院法制办）等按职责分工负责	2018年3月底前完成
13	完善危险化学品安全标准管理体制	按照国务院印发的《深化标准化工作改革方案》要求，完善统一管理、分工负责的危险化学品安全标准化管理体制，加强危险化学品安全标准统筹协调，制定危险化学品安全标准体系建设规划，进一步明确各部门职责分工	国家标准委、应急管理部（原安全监管总局）牵头，工业和信息化部、公安部、住房城乡建设部、交通运输部、应急管理部（原安全监管总局）、国家能源局、国家铁路局、中国民航局等按职责分工负责	2018年3月底前完成

续表

任务序号	治理内容	工作措施	责任分工	完成时限
14	制定完善有关标准	尽快制订、修订化工园区、化工企业、危险化学品储存设施、油气输送管道外部安全防护距离和内部安全布局等相关标准；吸取近年来国内外化工企业重特大事故教训，进一步整合完善化工、石化行业安全设计和建设标准	国家标准委、应急管理部（原安全监管总局）牵头，国家发展改革委、工业和信息化部、公安部、生态环境部（原环境保护部）、住房城乡建设部、交通运输部、国家卫生健康委（原国家卫生计生委）、国家能源局、国家海洋局、国家铁路局等按职责分工负责	2018年3月底前取得阶段性成果，2018年4月至2019年10月深化提升
16	规范产业布局	督促各地区认真落实国家有关危险化学品产业发展布局规划等，加强城市建设与危险化学品产业发展的规划衔接，严格执行危险化学品企业安全生产和环境保护所需的防护距离要求	国家发展改革委、工业和信息化部牵头，公安部、自然资源部（原国土资源部）、生态环境部（原环境保护部）、住房城乡建设部、应急管理部（原安全监管总局）、国家海洋局等按职责分工负责	2018年3月底前取得阶段性成果，2018年4月至2019年10月深化提升
17	严格安全准入	建立完善涉及公众利益、影响公共安全的危险化学品重大建设项目公众参与机制。在危险化学品建设项目立项阶段，对涉及"两重点一重大"（重点监管的危险化工工艺、重点监管的危险化学品和危险化学品重大危险源）的危险化学品建设项目，实施住房城乡建设、发展改革、国土资源、工业和信息化、公安消防、环境保护、海洋、卫生、安全监管、交通运输等相关部门联合审批。督促地方严格落实禁止在化工园区外新建、扩建危险化学品生产项目的要求。鼓励各地区根据实际制定本地区危险化学品"禁限控"目录	各有关部门按职责分工负责	2018年3月底前取得阶段性成果，2018年4月至2019年10月深化提升

续表

任务序号	治理内容	工作措施	责任分工	完成时限
18	加强危险化学品建设工程设计、施工质量的管理	严格落实《建设工程勘察设计管理条例》《建设工程质量管理条例》等法规要求,强化从事危险化学品建设工程设计、施工、监理等单位的资质管理,落实危险化学品生产装置及储存设施设计、施工、监理单位的质量责任,依法严肃追究因设计、施工质量而导致生产安全事故的设计、施工、监理单位的责任	住房城乡建设部、市场监督管理总局(原质检总局)、应急管理部(原安全监管总局)等按职责分工负责	2018年3月底前取得阶段性成果,2018年4月至2019年10月深化提升
23	严格规范执法检查	强化依法行政,加强对危险化学品企业执法检查,规范检查内容,完善检查标准,提高执法检查的专业性、精准性、有效性,依法严厉处罚危险化学品企业违法违规行为,加大对违法违规企业的曝光力度	各有关部门按职责分工负责	2018年3月底前取得阶段性成果,2018年4月至2019年10月深化提升
25	建立实施"黑名单"制度	督促各地区加强企业安全生产诚信体系建设,建立危险化学品企业"黑名单"制度,及时将列入黑名单的企业在"信用中国"网站和企业信用信息公示系统公示,定期在媒体曝光,并作为工伤保险、安全生产责任保险费率调整确定的重要依据;充分利用全国信用信息共享平台,进一步健全失信联合惩戒机制	应急管理部(原安全监管总局)牵头,国家发展改革委、工业和信息化部、公安部、财政部、人力资源社会保障部、自然资源部(原国土资源部)、生态环境部(原环境保护部)、人民银行、税务总局、市场监管总局(原工商总局)、银保监会(原银监会、保监会)等按职责分工负责	2018年3月底前完成
26	严格危险化学品废弃处置	督促各地区加强废弃危险化学品处置能力建设,强化企业主体责任,按照"谁产生、谁处置"的原则,及时处置废弃危险化学品,消除安全隐患。加强废弃危险化学品处置过程的环境安全管理	生态环境部(原环境保护部)负责	2018年3月底前完成
27	强化危险化学品安全监管能力建设	加强负有危险化学品安全监管职责部门的监管力量,制定危险化学品安全监管机构和人员能力建设以及检查设备设施配备要求,强化危险化学品安全监管队伍建设,实现专业监管人员配比不低于在职人员75%的要求,提高依法履职的能力水平	各有关部门按职责分工负责	2018年3月底前完成

续表

任务序号	治理内容	工作措施	责任分工	完成时限
29	严格安全、环保评价等第三方服务机构监管	负责安全、环保评价机构资质审查审批的有关部门要认真履行日常监管职责，提高准入门槛，严格规范安全评价和环境影响评价行为，对弄虚作假、不负责任、有不良记录的安全、环保评价机构，依法降低资质等级或者吊销资质证书，追究相关责任并在媒体曝光	各有关部门按职责分工负责	2018年3月底前取得阶段性成果，2018年4月至2019年10月深化提升
30	借鉴国际先进经验，防范重特大事故	及早启动开展国际劳工组织《预防重大工业事故公约》（第174号）批准相关工作，鼓励化工企业借鉴采用国际安全标准	人力资源社会保障部牵头，外交部、工业和信息化部、应急管理部（原安全监管总局）等按职责分工负责	2018年3月底前完成
31	完善危险化学品登记制度	加强危险化学品登记工作，建立全国危险化学品企业信息数据库，并实现部门数据共享	应急管理部（原安全监管总局）牵头，工业和信息化部、生态环境部（原环境保护部）、农业农村部（原农业部）、国家卫生健康委（原国家卫生计生委）、国家国防科工局等按职责分工负责	2018年3月底前取得阶段性成果，2018年4月至2019年10月深化提升
32	建立全国危险化学品监管信息共享平台	依托政府数据统一共享交换平台，建立危险化学品生产（含进口）、储存、使用、经营、运输和废弃处置企业大数据库，形成政府建设管理、企业申报信息、数据共建共享、部门分工监管的综合信息平台。鼓励企业建立安全管理信息平台，提高企业自身安全管理能力。灵活运用各种方式，探索实施易燃易爆有毒危险化学品电子追踪标识制度，及时登记记录全流向、闭环化的危险化学品信息数据，基本实现危险化学品全生命周期信息化安全管理及信息共享	工业和信息化部牵头，国家发展改革委、公安部、生态环境部（原环境保护部）、交通运输部、农业农村部（原农业部）、应急管理部（原安全监管总局）、海关总署、市场监管总局（原质检总局）、国家国防科工局、国家海洋局、国家铁路局、中国民航局等按职责分工负责	2018年3月底前取得阶段性成果，2018年4月至2019年10月深化提升

续表

任务序号	治理内容	工作措施	责任分工	完成时限
33	建设国家危险化学品安全公共服务互联网平台	依托安全监管总局化学品登记中心，设立国家危险化学品安全公共服务互联网平台，公布咨询电话，公开已登记的危险化学品相关信息，为社会公众、相关单位以及政府提供危险化学品安全咨询和应急处置技术支持服务	应急管理部（原安全监管总局）牵头，工业和信息化部等有关部门按职责分工负责	2018年3月底前取得阶段性成果，2018年4月至2019年10月深化提升
34	进一步规范应急处置要求	制定更加规范的危险化学品事故接处警和应急处置规程，完善现场处置程序，探索建立专业现场指挥官制度，坚持以人为本、科学施救、安全施救、有序施救，有效防控应急处置过程风险，避免发生次生事故事件，推动实施科学化、精细化、规范化、专业化的应急处置	应急管理部（原安全监管总局）牵头，公安部、生态环境部（原环境保护部）、交通运输部等按职责分工负责	2018年3月底前完成
37	加强危险化学品应急预案管理	简化、完善危险化学品相关应急预案编制以及应急演练要求，积极推行使用应急处置卡。定期组织开展联合演练，根据演练评估结果及时修订完善应急预案，进一步提高应急预案的科学性、针对性、实用性和可操作性。确保企业应急预案与地方政府及其部门相关预案衔接畅通	应急管理部（原安全监管总局）负责	2018年3月底前取得阶段性成果，2018年4月至2019年10月深化提升
39	加强化工行业管理人才培养	推动各地区加快人才培养，开展化工高层次人才培养和开办化工安全网络教育，加强化工行业安全管理人员培训	教育部、应急管理部（原安全监管总局）等按职责分工负责	2018年3月底前取得阶段性成果，2018年4月至2019年10月深化提升

应急管理部关于印发危险化学品生产储存企业安全风险评估诊断分级指南（试行）的通知

应急〔2018〕19号

各省、自治区、直辖市及新疆生产建设兵团安全生产监督管理局，有关中央企业：

为认真贯彻党的十九大精神，落实党中央、国务院决策部署，加快完善安全风险分级管控和隐患排查治理工作机制，提高监管针对性，提升监管效能，有效防范、遏制重特大生产安全事故，根据《国务院安全生产委员会关于印发2018年工作要点的通知》（安委〔2018〕1号）部署，结合危险化学品生产储存企业（以下简称危险化学品企业）安全生产特点和近年来一系列危险化学品安全生产工作要求，重点考虑危险化学品企业的固有危险性，兼顾危险化学品企业对安全风险管控的现实情况，我部组织制定了《危险化学品生产储存企业安全风险评估诊断分级指南（试行）》（以下简称《指南》，见附件），现予以印发，请认真贯彻执行，并就有关事项通知如下：

一、各地安全监管部门要高度重视危险化学品企业安全风险评估诊断工作，认真学习宣传《指南》，结合本地实际，进一步细化《指南》，并组织对辖区内危险化学品企业进行安全风险评估诊断分级，评估诊断采用百分制，根据评估诊断结果按照风险从高到低依次将辖区内危险化学品企业分为红色（60分以下）、橙色（60至75分以下）、黄色（75至90分以下）、蓝色（90分及以上）四个等级，对存在在役化工装置未经正规设计且未进行安全设计诊断等情形的企业可直接判定为红色；涉及环氧化合物、过氧化物、偶氮化合物、硝基化合物等自身具有爆炸性的化学品生产装置的企业必须由省级安全监管部门组织开展评估诊断；要按照分级结果，进一步完善危险化学品安全风险分布"一张图一张表"，落实安全风险分级管控和隐患排查治理工作机制。危险化学品企业安全风险评估诊断分级实施动态管理，原则上每三年开展一次。

二、各地安全监管部门要根据分级情况，结合《国家安全监管总局关于进一步加强监管监察执法促进企业安全生产主体责任落实的意见》（安监总政法〔2018〕5号）要求，对诊断为红、橙、黄、蓝不同等级的危险化学品企业，采取针对性的监管措施，提高监管效能；要突出强化对红色及橙色等级危险化学品企业的监管，加大日常执法检查频次，依据《化工和危险化学品生产经营单位重大安全事故隐患判定标准（试行）》，依法严格处罚发现的事故隐患，加强危险化学品企业主要负责人安全生产培训考核；要督促各类危险化学品企业按照国家有关要求，采取有效措施，持续强化安全生产工作，不断提高本质安全水平和安全风险管控能力，有效降低安全风险，严防安全事故发生，坚决维护人民群众生命财产安全和社会稳定。

三、各地安全监管部门要在2018年9月底前组织完成本辖区危险化学品企业安全风险评估诊断分级工作，并由省级安全监管部门将分级情况于2018年10月底前报送应急管理部。

应急管理部
2018年5月10日

附件：危险化学品生产储存企业安全风险评估诊断分级指南（试行）

危险化学品生产储存企业安全风险评估诊断分级指南（试行）

类别	项目（分值）	评估内容	扣分值
1. 固有危险性	重大危险源（10分）	存在一级危险化学品重大危险源的，扣10分	
		存在二级危险化学品重大危险源的，扣8分	
		存在三级危险化学品重大危险源的，扣6分	
		存在四级危险化学品重大危险源的，扣4分	
	物质危险性（5分）	生产、储存爆炸品的（实验室化学试剂除外），每一种扣2分	
		生产、储存（含管道输送）氯气、光气等吸入性剧毒化学品的（实验室化学试剂除外），每一种扣2分	
		生产、储存其他重点监管危险化学品的（实验室化学试剂除外），每一种扣0.1分	
	危险化工工艺种类（10分）	涉及18种危险化工工艺的，每一种扣2分	
	火灾爆炸危险性（5分）	涉及甲类/乙类火灾危险性类别厂房、库房或者罐区的，每涉及一处扣1/0.5分	
		涉及甲类、乙类火灾危险性罐区、气柜与加热炉等与产生明火的设施、装置比邻布置的，扣5分	
2. 周边环境	周边环境（10分）	企业在化工园区（化工集中区）外的，扣3分	
		企业外部安全防护距离不符合《危险化学品生产、储存装置个人可接受风险标准和社会可接受风险标准（试行）》的，扣10分。	
3. 设计与评估	设计与评估（10分）	国内首次使用的化工工艺未经过省级人民政府有关部门组织安全可靠性论证的，扣5分	
		精细化工企业未按规范性文件要求开展反应安全风险评估的，扣10分	
		企业危险化学品生产储存装置均由甲级资质设计单位进行全面设计的，加2分	
4. 设备	设备（5分）	使用淘汰落后安全技术工艺、设备目录列出的工艺及设备的，每一项扣2分	
		特种设备没有办理使用登记证书的，或者未按要求定期检验的，扣2分	
		化工生产装置未按国家标准要求设置双电源或者双回路供电的，扣5分	

续表

类别	项目（分值）	评估内容	扣分值
5. 自控与安全设施	自控与安全设施（10分）	涉及重点监管危险化工工艺的装置未按要求实现自动化控制，系统未实现紧急停车功能，装备的自动化控制系统、紧急停车系统未投入使用的，扣10分	
		涉及毒性气体、液化气体、剧毒液体的一级、二级重大危险源的危险化学品罐区未配备独立的安全仪表系统的，扣10分	
		构成一级、二级重大危险源的危险化学品罐区未实现紧急切断功能的，扣5分	
		危险化学品重大危险源未设置压力、液位、温度远传监控和超限位报警装置的，每涉及一项扣1分	
		涉及可燃和有毒有害气体泄漏的场所未按国家标准设置检测声光报警设施的，每一处扣1分	
		防爆区域未按国家标准安装使用防爆电气设备的，每一处扣1分	
		甲类、乙类火灾危险性生产装置内设有办公室、操作室、固定操作岗位或休息室的，每涉及一处扣5分	
6. 人员资质	人员资质（15分）	企业主要负责人和安全生产管理人员未依法经考核合格的，每一人次扣5分	
		企业专职安全生产管理人员不具备国民教育化工化学类（或安全工程）中等职业教育以上学历或者化工化学类中级以上专业技术职称的，每一人次扣5分	
		涉及"两重点一重大"装置的生产、设备及工艺专业管理人员不具有相应专业大专以上学历的，每一人次扣5分	
		企业未按有关要求配备注册安全工程师的，扣3分	
		企业主要负责人、分管安全生产工作负责人、安全管理部门主要负责人为化学化工类专业毕业的，每一人次加2分	
7. 安全管理制度	管理制度（10分）	未制定操作规程和工艺控制指标或者制定的操作规程和工艺控制指标不完善的，扣5分	
		动火、进入受限空间等特殊作业管理制度不符合国家标准或未有效执行的，扣10分	
		未建立与岗位相匹配的全员安全生产责任制的，每涉及一个岗位扣2分	
8. 应急管理	应急配备	企业自设专职消防应急队伍的，加3分	

续表

类别	项目（分值）	评估内容	扣分值
9. 安全管理绩效	安全生产标准化达标	安全生产标准化为一级的，加15分	
		安全生产标准化为二级的，加5分	
		安全生产标准化为三级的，加2分	
	安全事故情况（10分）	三年内发生过1起较大安全事故的，扣10分	
		三年内发生过1起安全事故造成1~2人死亡的，扣8分	
		三年内发生过爆炸、着火、中毒等具有社会影响的安全事故，但未造成人员伤亡的，扣5分	
		五年内未发生安全事故的，加5分	
存在下列情况之一的企业直接判定为红色（最高风险等级）			
新开发的危险化学品生产工艺未经小试、中试和工业化试验直接进行工业化生产的			
在役化工装置未经正规设计且未进行安全设计诊断的			
危险化学品特种作业人员未持有效证件上岗或者未达到高中以上文化程度的			
三年内发生过重大以上安全事故的，或者三年内发生2起较大安全事故，或者近一年内发生2起以上亡人一般安全事故的			

备注：1. 安全风险从高到低依次对应为红色、橙色、黄色、蓝色。总分在90分以上（含90分）的为蓝色；75分（含75分）至90分的为黄色；60分（含60分）至75分的为橙色；60分以下的为红色

2. 每个项目分值扣完为止，最低为0分

3. 储存企业指带储存的经营企业

参考文献

[1] 国家安全生产监督管理总局. 首批重点监管的危险化工工艺目录的通知. [EB/OL]. (2009-06-15) [2023-11-02]. https：//www.mem.gov.cn/gk/gwgg/agwzlfl/tz_01/200906/t20090615_408946.shtml.

[2] 国家市场监督管理总局. 压力管道定期检验规则——长输管道：TSG D7003－2022 [S]. 北京：中国计划出版社，2022.

[3] 郭元量，等. 锅炉安全技术监察规程/释义 [M]. 北京：化学工业出版社，2013.

[4] 国家质量监督检验检疫总局. 固定式压力容器安全技术监察规程：TSG 21－2016 [S]. 北京：新华出版社，2016.

[5] 国家质量监督检验检疫总局. 移动式压力容器安全技术监察规程：TSG R0005－2011 [S]. 北京：新华出版社，2011.

[6] 国家质量监督检验检疫总局. 防火门：GB 12955－2008 [S]. 北京：中国标准出版社，2008.

[7] 国家化学工业部. 爆炸危险环境电力装置设计规范：GB 50058－2014 [S]. 北京：中国标准出版社，2014.

[8] 中华人民共和国住房城乡建设部. 建筑设计防火规范：GB 50016－2014（2018年版）[S]. 北京：中国标准出版社，2014.

[9] 国家市场监督管理总局，中国国家标准化管理委员会. 危险化学品企业特殊作业安全规范：GB 30871－2022 [S]. 北京：中国标准出版社，2022.

[10] 国家安全生产监督管理总局. 化学品生产单位动火作业安全规范：AQ 3022－2008 [S]. 北京：煤炭工业出版社，2008.

[11] 国家安全生产监督管理总局. 化学品生产单位受限空间作业安全规范：AQ 3028－2008 [S]. 北京：煤炭工业出版社，2008.

[12] 国家安全生产监督管理总局. 化学品生产单位盲板抽堵作业安全规范：AQ 3027－2008 [S]. 北京：煤炭工业出版社，2008.

[13] 国家安全生产监督管理总局. 化学品生产单位高处作业安全规范：AQ 3025－2008 [S]. 北京：煤炭工业出版社，2008.

[14] 国家安全生产监督管理总局. 化学品生产单位吊装作业安全规范：AQ 3021－2008 [S]. 北京：煤炭工业出版社，2008.

[15] 中华人民共和国建设部. 施工现场临时用电安全技术规范：JGJ 46－2005 [S]. 北京：中国建筑工业出版社，2005.

[16] 国家安全生产监督管理总局. 化学品生产单位动土作业安全规范：AQ 3023－2008 [S]. 北京：煤炭工业出版社，2008.

[17] 国家安全生产监督管理总局. 化学品生产单位断路作业安全规范：AQ 3024－2008 [S]. 北京：煤炭工业出版社，2008.

[18] 国家安全生产监督管理总局. 化学品生产单位设备检修作业安全规范：AQ 3026—2008 [S]. 北京：煤炭工业出版社，2008.

[19] 国家发展和改革委员会. 储罐机械清洗作业规范：SY/T 6696—2014 [S]. 北京：中国标准出版社，2007.

亲爱的读者：

如果您对本书有任何 感受、建议、纠错，都可以告诉我们。

我们会精益求精，为您提供更好的产品和服务。

祝您顺利通过考试！

扫码参与调查

注册安全工程师考试研究院